李朝晖　著

The confusion perplexed

西南交通大学出版社
成都

图书在版编目（C I P）数据

不惑之惑 / 李朝晖著. —成都：西南交通大学出版社，2018.1

ISBN 978-7-5643-5884-6

Ⅰ. ①不… Ⅱ. ①李… Ⅲ. ①建筑艺术－速写技法
Ⅳ. ①TU204

中国版本图书馆 CIP 数据核字（2017）第 275071 号

不惑之惑

李朝晖　著

责任编辑　吴明建
封面设计　李朝晖

出版发行　西南交通大学出版社
（四川省成都市金牛区二环路北一段 111 号
西南交通大学创新大厦 21 楼）
邮政编码　610031
发行部电话　028-87600564　028-87600533
官网　http://www.xnjdcbs.com
印刷　四川玖艺呈现印刷有限公司

成品尺寸　260 mm × 254 mm
印张　13
字数　184 千
版次　2018 年 1 月第 1 版
印次　2018 年 1 月第 1 次
定价　128.00 元
书号　ISBN 978-7-5643-5884-6

作者简介 ／ About the Author

李朝晖

教授，硕士研究生导师。

1973年5月出生于重庆市。1996年毕业于四川美术学院装潢环艺系，同年至西南交通大学任教，参与创建了西南交通大学艺术设计学科。

中国工艺美术学会会员，四川平面设计师协会会员。

436文创-现代艺术设计研究中心 主任

怀远藤编研发中心 主任

出版学术专著三本，设计作品及学术论文多次发表于各核心期刊。主持设计施工多项大中型公共建筑的室内外装饰工程及景观工程。

专业领域：主要从事环境艺术设计，室内设计，空间陈设艺术领域的研究与实践以及中国非物质文化遗产的创新设计与研究。

境外学术交流与游学经历：2008年7-10月欧洲各国（奥地利、法国、意大利、西班牙、捷克、摩纳哥等）；

2009年11-12月马来西亚沙巴大学；2010年1-2月马来西亚沙巴大学；2010年7-8月马来西亚吉隆坡大学；

2010年9-10月埃及；2011年1月马来西亚；2011年2月斯里兰卡；2011年5月中国台湾义守大学；2011年7-8月印度尼西亚；2012年1-2月菲律宾；2013年4-5月马来西亚；2013年7-8月美国乔治梅森大学；2014年9-10月马尔代夫；2016年12月-2017年1月澳大利亚；2017年9-10月墨西哥。

LiZhaoHui

Professor.Tutor for MA in Interior Design and Landscape Architecture Design.

Member of China Arts and Crafts Association.

Member of Sichuan Graphic Designers Association.

Research:

1)Interior Design

2)Landscape Architecture Design

3)Research of Art Display

Research Achievements:

1)3 books have been published

2)25 academic papers or works have been published

3)Presided over a number of large and medium sized architectural and interior and landscape design of public space

4)Often abroad study tours and exchange visits

前言

Preface

一

四十不惑?

其实惑与不惑到了人生这个阶段已然没有太大意义，该明了的早已明了，而困惑的将永远困惑，只是心态变得淡定从容，不会在困惑前彷徨迷茫。成熟、深沉、内涵丰富，神情中带着深入社会体验人生百般磨炼的从容和豁达。虽世事洞明却不至于深沉得世故城府，虽人情练达却依然带着一丝俏皮天真与几分玩世。

男人四十，深刻而理性，人生精神圆熟。自省与外察使他明了，年轻时的冲动和冒失是多么幼稚可笑，而老年的某些固执和保守又是那么陈腐可怜。人生中途，磨难和阅历告诉他：平淡是真。年轻时踉踉跄跄，连回忆也呈现闪烁不定的叠映画面，而现在人生的风景线渐次风轻云淡。

他懂得，该走得从容些。

于是，他泡了一杯清茶，在缥缈的茶香里慢慢地品味余下的人生，带着对过去淡淡的回忆。

二

罗素曾说："三种单纯而极其强烈的激情支配着我的一生，那就是对于爱情的渴望，对于知识的渴求，以及对于人类苦难痛彻肺腑的怜悯。"

可在当今的时代，物质世界的商品堆积越来越挤兑着芸芸众生的精神空间，而企图寻求精神超越的艺术家们，却又必须同时作为一个活生生的人而跻身这个世界狭小的生存空间里。在这样的境况下，在这样的文化氛围中，我们更加需要寻找更多的真实和激情，去冲撞那已经凝固的血液。如此一来就有了精神的朝圣者，就有了每个人那一脸的神圣。

向举步维艰的攀登者致敬，包括自己。

三

记得一位先哲曾说：四十岁前不著书。

然而生计所迫，前几年迫于评职称，谋稻粱，不得不临时拼凑，仓促之中出了两本所谓的专著，现在看来确如先贤所预见：虽然偏激中带了几分率真，但浅见难免粗鄙浮陋。故这几年索居闲处，沉默寂寥，求古寻论，散虑逍遥。然三年一度的科研考核，我得了平生第一个鸭蛋，不仅精神上不安，物质上也受到严厉的惩罚。遂把这几年沉寂思索的结果翻出来看了看，居然洋洋数万言。比起之前的那些文字，其思维的向度和深度自不可同日而语。

人生就像一条路，年轻时忙着匆匆赶路，眼睛一直盯着前方，虽然已经走了很远，却忘记了当时为何出发。四十是一个坎，在人生的中途，是时候停下来回头看看曾经走过的路，看看当初的起点，得到了什么，失去了什么，以便今后走得从容些。虽然每个人出发点和选择的道路不同，但是归宿却只有一个，何必行色匆匆？

这本集子汇集了这几年周游列国的一些速写作品和独处索居的随想，也算是自己对过半人生的一个回顾和思考。人生中途，停下来回头看看来时的路，该明了的已然明了，而困惑的将永远困惑，故名《不惑之惑》。

不惑？？？也许一半是自得，更多的却是期许。

目录 ／ Contents

Essay／ 随笔

随笔

艺术与人生

凡是艺术家都须一半是诗人，一半是匠人。他要有诗人的妙悟，匠人的手腕。只有匠人的手腕而没有诗人的妙悟，固不能有创作；只有诗人的妙悟而没有匠人的手腕，即创作也难尽善尽美。妙悟来自心灵，手腕可得于摹仿。匠人虽比诗人低，但亦绝不可少。而世人皆忽略之。

无论今天发生多么糟糕的事，都不应该感到悲伤。因为今天是你往后日子里最年轻的一天了。

人生的每个抉择就像是一个赌局，输赢都只有自己承担。不管你的赌注是大是小，选择了就没有反悔的机会。输不起的人，往往也赢不了。

人不会苦一辈子，但总会苦一阵子。许多人为了逃避苦一阵子，却苦了一辈子。

生活有时并非那么复杂，只是因为我们想多了，想深了，人为地给自己编织了一道道网，然后在里面奋力地挣扎；爱情有时并非那么美好，可是我们喜欢沉湎于它的浪漫，于是给它披上了绚丽的外衣，其实就算走到天荒地老，也离不开平淡稀松的日子。走过才知道，有些事简单点，现实点，你才能轻松点，走远点。

别在喜悦时，轻易许下诺言。别在忧伤时，轻易做出回答。别在愤怒时，匆忙做出决定。别在绝望时，轻易说出放弃……

人生不如意十之八九？此言差矣。其实这个世界上快乐和苦痛都是平衡的。只是快乐的时候我们没有太在意，得意而忘形，时间如梭流逝；而失意的时候备受煎熬，便觉度日如年，仿佛无边黑夜根本就看不到黎明。其实它们的总量是平衡的，唯一的区别就是我们自己的心境。所以快乐，愉快，痛快，快活，都是一快字。

阿尔卑斯山脚院落 / 因斯布鲁克，奥地利 ╱ The Alps yard/Innsbruck, Austria

INNSBRUCK·AUSTRIA·
22·2008·AUG·LIZHAOHUI·

有些人，看似和你密不可分，等某天他风一样离开了，你才感觉你的世界并无什么差异，没有人可以成为你难以治愈的癌症；有些事，好像离开你寸步难行，可没有你的时候，地球依旧在旋转，你才知道自己不过是他人口中的一个喷嚏若有若无。别把别人看得过重，亦别把自己摆得太高，这样才能让人生少些负重。

人生总是这样，你不愿面对的人和事往往才是你必须面对的。人活着就是一种修行，辛苦快乐都在其中。其实每个人都希望未来能活得更诗意，更惬性，但也都知道，无论如何也逃不脱平淡的流年。因为时间，我们都变成薄情人，因为空间，我们又都成了隐形人。

人生有三种困境：个人注定无法与他人彻底沟通，意味着孤独；人人都不想死，可注定要死，意味着恐惧；人实现欲望的能力永远赶不上欲望诱惑的能力，意味着终生痛苦。

人与生俱来的对未知的恐惧导致他们内心深切的孤独感，于是庸碌一生，不停追逐，希望填满自己心理的每一分空缺。然而欲望暂时获得满足后更是越觉空虚，于是又换不同的填充物去填，周而复始。待年老色衰回头看时才会发现自己所需要的不过那么简单，然而当初那份单纯却早已不在。

有的人值得被人利用，故能成才；有的人堪受被人利用，故能成器；有的人不能被人利用，故难成功；有的人拒绝被人利用，故难成就。能干的人，不在情绪上计较，只在做事上认真；无能的人，不在做事上认真，只在情绪上计较。

幸福总围绕在别人身边，烦恼总纠缠在自己心里。这是大多数人对幸福和烦恼的理解。差学生以为考了高分就可以没有烦恼，贫穷的人以为有了钱就可以得到幸福。结果是，有烦恼的依旧难消烦恼，不幸福的仍然难得幸福。

所谓缘分，就是遇见了该遇见的人；所谓福分，就是能和有缘人共享人生的悲欢。缘分浅的人，有幸相识却又擦肩而过；缘分深的人，相见恨晚从此不离不弃。有的缘分是可遇而不可求的，属上等缘；有的缘分是可遇亦可求的，属中等缘；有的缘分是可遇而无需求的，属下等缘。无论何等缘分，都离不开珍惜二字。其实每一种缘分都是一种必然。相同的缘分会有不同的结果，关键取决于你对待缘分的态度。

心小了，所有的小事就大了；心大了，所有的大事都小了；看淡世事沧桑，内心安然无恙。

一个人的快乐不是因为他拥有的多，而是因为他计较的少。

智者永远都不和时间赛跑，他只是远远地等在时间的前面，慢慢地享受闲适的生活。

把脾气拿出来，那叫本能；把脾气压回去，才叫本事。

有时候，人们之所以哭泣，并不是因为软弱，而是因为他们坚强了太久……

在生活的低谷，如果你向上帝求助，说明你相信上帝的能力；如果上帝没有帮助你，说明上帝相信你的能力。

许多事情，总是在经历过以后才会懂得。一如感情，痛过了，才会懂得如何保护自己；傻过了，才会懂得适时的坚持与放弃，在得到与失去中我们慢慢地认识自己。其实，生活并不需要这些无谓的执着，没有什么就真的不能割舍。学会克制自己，学会放弃，生活会更容易。

13. AUG. 2008.
美泉宫 . Austria
ViENA

卡尔大教堂 / 维也纳，奥地利 ／ Carl's cathedral/Vienna, Austria

巴登小镇 / 奥地利 ／ Baden town/Austria

SOTOPO
18.AUG
2008
VENEZIA·ITALIA
ZHAOHUI

活着是给自己看的，其实没多少人会真的把你放在心里，偶尔在风口浪尖处于流言蜚语的包围，无非是人家无聊时的酒后谈资，除了当时多佐几口酒下肚就没什么其他意义了，事后，甭谈棋子你最多只是棋盘上的灰，人家连吹的力气都不想用了。所以，活着只是为自己，没有谁值得你为他（或她）而活。

人人都会吃，但未必都会生活，因为吃饭是一种本能，而生活是一种才能。

人生于世，有情有智。有情，故人伦谐和而相温相暖；有智，故明理通达而理事不乱。情者，智之附也；智者，情之主也。以情通智，则人昏庸而事颠倒；以智统情，则人聪慧而事合度。

人的一生，总是在不停地经历和失去。而到最后往往会发现，失去的永远比经历的多，而且可贵得多。

无为之为，为而不显；为而不妄；为而不恃；为而不争。知足常乐，知足知止；功成身退；宠辱不惊。交友以道，同道相谋；以和为贵；和而不同；群而不党。

自知者不怨人，知命者不怨天；怨人者穷，怨天者凶。

虽富贵不以养伤身，虽贫贱不以利累形。

才所不胜而强思之，伤也；力所不胜而强举之，伤也；深忧而不解，重喜而不释，皆伤也。

佛说一切法，为度一切心。我无一切心，何用一切法。

19. AUG. 2008.
VENEZIA · ITALIA ·
ZHAOHUI

舟中望月，船头唱曲，醉梦相杂。浩浩落落，并无芥蒂，一枕黑甜，高春始起，不知世间何物谓之忧愁。

成熟的标志之一：以前得不到的，现在不想要了。

忙碌是一种幸福，让我们没时间体会痛苦；奔波是一种快乐，让我们真实地感受生活；疲惫是一种享受，让我们无暇空虚。

但如今，突然面对着坟墓，我冷眼向过去稍稍回顾，只见他曲折灌溉的悲喜，都消失在一片亘古的荒漠，才知道我的全部努力，不过完成了普通的生活。

自由不是让你想做什么就做什么，自由是教你不想做什么，就可以不做什么。

大部分人在二三十岁上就死去了，因为过了这个年龄，他们只是自己的影子，此后的余生则是在模仿自己中度过，日复一日，更机械，更装腔作势地重复他们在有生之年的所作所为，所思所想，所爱所恨。

欲望是抽象的永远匮乏，无论它看来有多么确凿的目标，它其实只是一种永远追寻的无法被满足的驱动力。欲超越欲念只有修行了，故修行者是离欲念最近的人。换句话说：阳具的勃起恰恰代表了人之为人的本质，因为只有人类才会受邪恶的诱惑。修行者并非不勃起，而是没有了勃起之后邪恶的念想。

幸福感常常被理解为一种极乐的状态，随之而来的是一种没有欲望没有烦恼且最重要是没有焦虑的生活。如果人们总是渴望他们没有的东西，他们将永远不会幸福。过一种没有焦虑的生活就等于享受诸神的快乐。

修行并不是让自己的五官退化，对外界失去感应，而是在静修禅定里对一切感官反应变得极度敏锐，但却切断感官之后的反应、因果之链：见美女依然是美女，但却没有了链接的欲望反应。鉴于此，我果断地放弃修行；或者换个方式修行：培养更加敏锐的感官反应之后，更加细细地品味和享受每一刻欲望之满足的过程。

忏悔之无用：忏悔，apology，就是抱歉的意思。而抱歉是无用无效的，抱歉者在抱歉的过程中就定义了整个事实要对方接受，这算不上诚意；而无论事态在发生中而无法阻止、已发生而无法改变，抱歉都是无效的。因此，apology的本意，其实就是辩护。所以忏悔会让人想到忏悔的循环，忏悔与堕落间的往复循环。

有些事情，无论你如何努力，你想要的结果都不可能出现，不是因为你运气不好，也不是因为你没尽力，而是因为在那些事情上，你的因素不是决定性的。

很多人都憧憬未来，仿佛未来还很遥远，又仿佛未来一切都会如我们憧憬一样变得很美好，殊不知未来就是由一天一天的当下构成的，你有什么样的现在，就会有什么样的未来。珍惜每一天善待每个人才是对未来负责。否则到了行将就木的时候还会感叹：为什么未来还没有到来？其实那时候已经没有未来了，只有了来生。

旅行的意义只是在于换了一种心境，新奇的体验才会敏锐发现周遭的美。美是无处不在的，只是日复一日地面对同样的场景已经没有审美的新奇。换一个视点换一种心境，仿佛万事万物都美了起来，所以有人说美丽的风景都在路上，其实路上只是一种状态一种新奇的体验，所以会觉得一切都是新鲜的，一切都是美的。

威尼斯 / 意大利 ╱ Venice / Italy

17. SEP. 2008.
HONFLEUR.
FRANCE.

关于爱情

初恋与最后的恋爱的区别在于：初恋就是，你觉得这个是最后的恋爱，而最后的恋爱是，你觉得这才是初恋。

很多时候，男人会让你觉得他爱上了你，其实他并没有；而女人会让你觉得她不可能会爱上你，结果她却动了心。

男人喜欢漂亮脸蛋，女人喜欢甜言蜜语。所以女人化妆，男人撒谎，以便各取所需，相互欣赏。

爱情就像手中沙，再握得紧也难免会从指缝中溜走，倘使松开手，能留下的始终都会留下。

婚姻最致命的杀手也许不是外遇，而是时间。

承诺没任何意义，感觉才是真的，感觉不会说谎。唯一的错误就发生在对感觉的错误判断上。

有人说好的爱情，战得胜时间，抵得住流年，经得起离别，受得住想念，可惜这样的爱情，有吗？

喜欢一个人，就是在一起很开心；爱一个人，就是即使不开心，也想在一起。

每个人都误认为真爱是指具体的某个人，于是穷尽一生苦苦追寻而不可得。殊不知所谓真爱乃是针对不同的人不同阶段的真挚的情感而已，且具有很强的时效性，所谓此一时彼一时也，等闲变却故人心，却道故人心易变。而世人不知，乃谓这世界没有真爱，愚夫愚妇之见也。

再浓烈的爱情也经不起时间岁月的蹉跎而变成一杯淡而无味的白开水。瞬间变永恒？唯一的办法就是使瞬间凝固，那便是古今中外概莫能外的一个真理：爱在最高潮时便或单方或双双殉情。但是留下的也只是痴男怨女的谈资憧憬而已。所有的爱情童话都以“从此王子和公主过上了幸福的生活”而画上句号，再往下写便是王子的外遇、公主成怨妇而离婚。

别后平安否？便相逢，凄凉万事，不堪回首。新愁旧恨在心头，此生如何消受。寒夜枯坐，残灯如豆。肠已断，歌难又，重逢应是环肥燕瘦，休道容颜如旧。

青春本身就是美，它无需神话。带着过剩的生命活力，它总要寻愁觅恨，乐意让悲愁甜美地吮吸它的未谙世事的血。

分手后不能再成为朋友，因为彼此伤害过。分手后也不能再成为敌人，因为彼此深爱过。所以我们成了最熟悉的陌生人。

为了给一颗心以致命的打击，命运并不是总需要集聚力量，猛烈地扑上去。从微不足道的原因去促成毁灭，这才激起生性乖张的命运的乐趣。

喜欢一个人需要上百条理由，但是不喜欢一个人，也许一条理由就已足够。

喜欢一个人，不需要理由。不喜欢，什么都是理由。

如果我能回到从前，我会选择不认识你。不是我后悔，只是我不能面对现在的结局。

如果你能解释为什么会喜欢一个人，那么这不是爱情，真正的爱情没有原因，你爱他，不知道为什么。

16, SEP, 2008
TROUVILLE, FRANCE

17. SEP. 2008
HONFLEUR . FRANCE .

两个人在一起，更多的不是改变对方，而是接受对方，这就是包容。如果光想着改变对方，那不是生活，那是战争。

往事悠悠容细说。见说他生，又恐他生误。纵使兹盟终不负，那时能记今生否?

当你认为被抛弃的时候，受损失的其实是对方：因为他失去了一个真正喜欢他的人，而你只不过少了一个不喜欢你的人罢了。

他喜欢她，写了无数情书追求，她成绩优异，从不正眼看他。大学毕业后，她找工作四处碰壁，无助时想起了他。打听得知他开了公司，快要结婚了，新娘没她漂亮。她想挽回，他说：你在我最纯真的时候给了我最痛苦的回忆，而她在我最痛苦的时候给了我最纯真的爱——爱若不纯真，漂亮又奈何。

不要让那个喜欢你的人，撕心裂肺地为你哭那么一次。因为，你能把他（她）伤害到那个样子的机会只有一次。那一次以后，你就从不可或缺的人，变成可有可无的人了。即使他（她）还爱你，可是总有一些东西真的改变了。

人生没有什么过不去，只有回不去。年轻眼睛都是一直看着前方，只有在行将就木时才会往回看看自己走过的路，牵过的手，然而一切都不会重来，只有期盼来生的珍惜。但是山盟海誓道他生，他生能记今生否？于是，又是一个新的轮回开始。来生你依旧是你，我是我，同在人海中擦肩，却谁也不会回头看一眼。

感觉是判断真理的标准。感觉是最直接的，无所谓错误，错误只发生在对感觉的错误判断中。

无法在一起的时候，男人说会永远等你，也许不过是一种风度和礼貌，或者是一个期待。她在失意的时候回来，并不是想回到他身边，只是想知道当初这样的一个承诺是否依然存在。

世上最奢侈的人，是肯花时间陪你的人。谁的时间都有价值，把时间分给了你，就等于把自己的世界分给了你。人们总给"爱"添加各种含义，其实这个字的解释也很简单，就是：有个人，直到最后也没走。

也许是我们太在意对方，太在意情感得失，我们害怕失去，而导致情绪的失控。郁闷狂躁憋屈悲催绝望只会徒增伤悲和矛盾升级，相爱的两颗心最终人海两茫茫。倘使我们把每一次相聚都当成上天的恩赐，珍惜彼此，也许牵手一生也就没那么遥不可及。时光静好，与君语；细水流年，与君同；繁华落尽，与君老。

本非池中物，爱欲无边洋；劝君莫回头，去留两茫茫。枉自费思量，徒添无情伤；三千青丝白，孽海渡无方。

永远不要相信男人说他只有你一个女人。如果男人够优秀，绝不会只有你一个，如果他真的只有你一个，那么他绝对不值得拥有。

男人在结婚前觉得适合自己的女人很少，结婚后觉得适合自己的女人很多。

不要期待完美的男人，不是因为你期待不到，而是根本没有完美的男人。

世界上男人都是骗子。不管是漂亮还是不漂亮的女人都会被骗。有所不同的是，幸运的女人找到了一个大骗子，骗了她一辈子。不幸的女人找到了一个小骗子，骗了她一阵子。

朝晖 2013.7.3 于
喜洲·大理

如果你很想要一样东西，就放它走。如果它回来找你，那么它永远是你的。要是它没有回来，那么不用再等了，因为它根本就不是你的。

爱就是这么矛盾这么微妙：看来是恨，实际是爱。外面吵架，里面关怀。最恶毒的言词，常是对最爱的人说的。最后悔的感觉，总是在爱人离开之后。

我们总喜欢去验证别人对我们许下的诺言，却很少去验证自己给自己许下的诺言。

相信爱情，即使它给你带来悲哀也要相信爱情。有时候爱情不是因为看到了才相信，而是因为相信才看得到。

这个世界是如此的小，我们在茫茫人海中就这样遇见。这个世界是如此的大，我们分开后就很难再相见。

人成各，今非昨，秋如旧，人空瘦。我终生的等候，换不来你刹那的凝眸。

一个人一生可以爱上很多的人，等你获得真正属于你的幸福之后，你就会明白以前的伤痛其实是一种财富，它让你学会更好地去把握和珍惜你爱的人。

真正的爱情不在于你知道他（她）有多好才要在一起；而是明知道他（她）有太多的不好还是不愿离开……

巴黎某教堂 / 法国 ／ A church/Paris,France

不是每句“对不起”都能换来“没关系”。

世界上最残忍的一句话，不是对不起，也不是我恨你，而是，我们再也回不去……

在爱情没开始以前，你永远想象不出会那样地爱一个人；在爱情没结束以前，你永远想象不出那样的爱也会消失；在爱情被忘却以前，你永远想象不出那样刻骨铭心的爱也会只留淡淡痕迹；在爱情重新开始以前，你永远想象不出还能再一次找到那样的爱情……

爱，绝不是缺了就找，更不是累了就换。找一个能一起吃苦的，而不是一起享受的；找一个能一起承担的，而不是一起逃避的；找一个能对你负责的，而不是对爱情负责的。爱不是一个人的事，而是两个人的努力，两个人的奋斗，两个人的共同创造……

恋爱就像口香糖，时间长了会平淡无味，觉得平淡了就想放弃，而无论丢在什么地方都会留下难以抹去的痕迹。

不要让你的女朋友有“蓝颜”，因为她蓝着蓝着你就绿了；不要让你的男朋友有红颜，因为他红着红着你俩就黄了……

庐山之美，在于身在此山不识真面的朦胧之美。由于朦胧，留下意象空间，一切事物都以观者最美的意象呈现。倘使一览无余，便如虽玉体横陈，但一丝不挂纤毫具现未免有些索然无味，哪如美女出浴身披轻纱，欲遮还露那样撩人心脾。所谓距离产生美，其实就是希望距离产生这样的朦胧，和远近无关，爱情亦然。

巴黎奥赛博物馆 / 法国 Orsay Museum / Paris, France

无知的快乐

如果有一件生活赐予我们的东西，是生活以外的东西，是因此我们必须感谢上帝的东西，那么这件礼物就是我们的无知：对我们自己的无知，还有相互的无知。

我们聚到一起的唯一原因就是，我们相互之间一无所知。对于那些快乐的夫妻来说，如果他们能够看透彼此的灵魂，如果他们能够互相理解，一如罗曼蒂克的说法，在他们的世界里安全地相依相靠（虽然全是无效的废话），事情会怎么样？在这世界上每一对婚配伴侣其实都是一种错配，因为每个女人在属于魔鬼的灵魂隐秘部分，都隐匿着她们所欲求之人的模糊形象，而那绝不是他们的丈夫。每个男人都隐匿着佳配之人的依稀倩影，但那从来不是他们的妻子。最快乐的事情，当然是对这些内心向往的受挫麻木不仁，次一点的快乐，是对此既无感觉，又非全无感觉，只是偶有郁闷的冲动，有一种对待他人的粗糙方式，在行动和言词的层面，隐藏着魔鬼，古老的夏娃，还有女神或者夜神偶尔醒来作乱。

有一个很奇怪的现象，越有钱的人负债越多。如何成为一个负债者是通往成功的必由之路，负债越多越有钱，越不负债的人越穷。

如果你感到沮丧，是因为对过去的不满，而如果你感到担忧和焦虑，是因为你活在未来。拥有过去的人才会有未来，站在未来看现在才会有快乐。

HOTEL RO
ASP
2008

关于学术

倘使学术的概念绝对化，只许敬仰，不许质疑和探索，那么科学就会变成神学，我们的专家教授便是掌握生杀予夺绝对权力的神教教主，坦然接受徒子徒孙们无限崇敬的膜拜，随便点化一下便会神灵附体刀枪不入，对其他门派当然不共戴天。只要神化了的科学都会转换成邪教。

男人四十，对于一个中国人来说已经过了大半辈子了，也就是所谓上了“中年”年纪的人，茶余饭后，深夜独酌，回想过去，看着现在，寻思未来，总会喟然长叹，感觉到有点，甚至于很不安，困恼，彷徨，但愿时光倒流，也不至于现在突然感觉浑浑噩噩一无所成。至于明天，简直不敢细想，一细想，烦躁，惶恐，但愿明天永远不会到来。过去的怀恋，现在的不安，未来的恐惧。想着想着盛夏里不由得冷汗惊悚。步入中年，其实就该学下广场舞，唱唱红歌，准备安度晚年。

中国的应试教育催生了很多怪胎。学习知识的目的就是为了考试。很多人一辈子的巅峰就在高考，在那一刻，他超越所有的阶层，达到人生的顶点，于是，剩下的人生便是走下坡路了，而学校是不会在意他今后的漫漫人生路的，只是以他短暂的人生顶点又去吸引和培养下一代学生成为考试机器，除了考试，这一辈子一无所知也就一事无成了。中国文化之精髓并不在于考据，而在于对经典的阐释，并凭借对经典的发挥创造出新的思想体系。

关于自嘲

自嘲是一种幽默，是一种智慧，更是一种魅力。自嘲是缺乏自信者不敢使用的技术，因为它要你骂自己，拿自身的失误、不足甚至缺陷来“开涮”，对丑处、羞处不予遮掩、躲避，反而把它放大、夸张、剖析，然后巧妙地引申发挥、自圆其说，博得一笑。没有豁达、乐观、超脱、调侃的心态和胸怀，是无法做到的。

万夫之诺诺，不如一士之谔谔。之所以敢谔谔，是对中国对未来充满了信心，历史不会倒退，所看到的暂时倒退的现象只是一种扑朔迷离的假象而已。谁胜谁负，还在激烈的博弈之中，只是，唯一可以肯定的是，历史的车轮是滚滚向前的.

当大多数人都去追逐金融泡沫，它的恶果就是：没有人再安心做实业，没有人再去创造财富，每个人都想靠投机一夜暴富，都在炒概念，人人都在透支未来。没有了接盘侠，于是每个人都被套牢，每个人的财富都在蒸发，因为那样的财富本来就是空中楼阁，纯属数字游戏而已。大浪淘沙，内裤都不曾剩一条。

假期里去家附近小吃店打包早餐，偶遇一个朋友，只好装着互相没看见。毕竟都是在朋友圈里面的人，根据国庆黄金周发的照片和旅途感慨，这几天他应该在法国，而我应该在美国。

卡昂女子修道院
Abbaye aux Dames.
18.SEP.2008.
CAEN.FRANCE.

关于小赌怡情

人生能有几回“博”。牌品看人品，牌象观天象，牌运见气势，肝急火旺者修心，小农耕田者练气，口舌聒噪者磨嘴，江湖分合尽在其中，人生哲理，遍尽其理。

怨天尤人，会使你得不到上帝与他人的帮助，从而加重坏运气带给你的程度及时间长度。过于自责，则会让你自毁斗志、自杀精神、自蔽慧根。没有人一生都是坏运，也没有人一生都能是好运。命运如何，不可测；运气何时来，也不可知。人们唯一能做的，是控制自己。逆境时的美德，是坚忍；顺境时的美德，是克制。

对不利牌运的败局，正确的做法是：坦然接受。上帝将赢的骰子丢到你面前，要感恩；而在得不到上帝关照时，也不应有怨气。能感恩，就能始终知道自己有几斤几两，而预防骄兵必败的覆辙。不埋怨，就能正确地宽恕失败，从而避免怨气毒化头脑，以防被失败打倒，从此再无正常的思维与习性。

所谓法制

不断制定一些限制性法规，用最复杂的条条框框把最微不足道的生活行为包围起来，难免会把公民自由活动空间限制在越来越小的范围之内。各国被一种谬见所蒙蔽，认为保障自由与平等的最好办法就是多多制定法律，因此它们每天都在批准进行一些越来越不堪忍受的束缚。它们已经习惯于给人上套，很快就会达到需要奴才的地步，失去一切自发精神与活力。这样的人不过是一些虚幻的人影，消极、顺从、有气无力的行尸走肉。

若是到了这个地步，个人注定要去寻求他们自己身上已经找不到的那种外在力量。政府各部门必然与公众的麻木和无望同步增长，所以它们必须表现出私人所没有的主动性、首创性和指导精神，这迫使它们要承担一切，领导一切，把一切纳入自己的保护之下。于是国家变成全能的上帝。而经验告诉我们，这种上帝既难以持久，也不十分强大。

在某些民族中，自由受到越来越多的限制，尽管表面上的许可使它们产生一种幻觉，以为自己还拥有这些自由。它们的衰老在造成这种情况上所起的作用，至少和任何具体的制度一样大。这是直到今天许多文明都无法逃脱的衰落期的不祥之兆之一。所有的民族似乎都不可避免地要经历同样的生存阶段，因为看起来历史是在不断重复它的过程。

velib

关于时间

“钟表是一种动力机械，其产品就是分和秒。”在制造分秒的时候，钟表把时间从人类的活动中分离开来，并且使人们相信时间是可以精确计量的单位而独立存在的。其实分分秒秒的存在不是上帝的意图，也不是大自然的产物，而是人类运用自己创造出来的机械和自己对话的结果。

钟表自14世纪诞生以来，逐步使人变成遵守时间的人，节约时间的人和现在拘役于时间的人。在这个过程中，我们学会了漠视日出日落和季节更替，因为在一个由分分秒秒组成的世界里，大自然的权威已经被取代了，自钟表诞生以来，人类生活中便没有了永恒，一切都变成可以用（而且必须用）有限而精确的刻度衡量的索然无味的东西，人便在自己创造出来的无形的索套中苟延。

人类通过利用工具摆脱受制于大自然，不知不觉中又受制于工具，这比受制于大自然更可怕。上等人发明工具，中等人利用工具，下等人依靠工具，劣等人依赖工具成为工具的奴隶。有人说人类和动物的区别在于使用工具，殊不知工具可以不受抗争地改变一个物种，大自然却不能。无论动物和人类，都在与大自然抗争和顺应中进化。而工具的便捷恰恰有可能使人类机能退化，最终依附于工具。

人生的意义在于享受人生：物质满足的享受和精神上满足的享受。人们的物质需要属于匮乏性需要，它的满足引起的感觉是短暂的、肤浅的；而人的自我实现需要则是成长性需要，它的满足才会产生持久的、深刻的感觉。一言以蔽之：做爱做的事吧。追求事业也罢，踢球也罢，潜水也罢，只要能带来精神上长久的愉悦就不妨去，不要委屈自己。违心事权贵，虽然达到暂时的风光，却丧失了自己，孰轻孰重不可不察。

巴黎塞纳河畔 / 法国 ／ The Seine River in Paris/France

往事并不如烟。看似忘却了多年的东西在你不经意间就会从你心底深处泛起。所谓过去就过去了不过只是为了苟延的托词罢了。只不过我们大多健忘，记性稍微好的早就被生活沉重的苦痛压死了，为了生存不得不选择遗忘而且学会了善于遗忘。

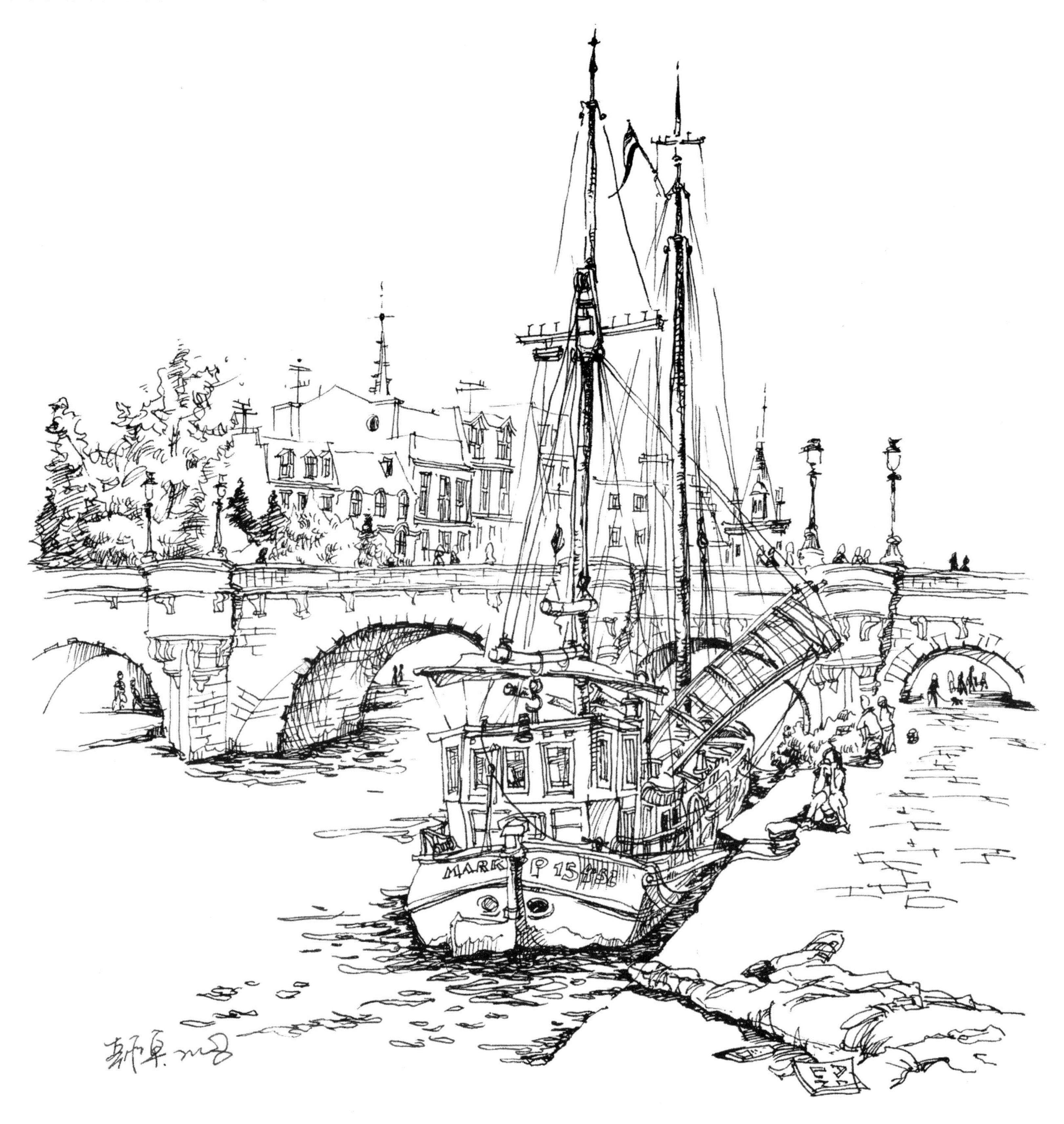
MARK

关于死亡

从无到有，复由有归无。任何人看似轰轰烈烈的一生不过完成一个简单的轮回。往事不可谏，来世不可追。珍惜每一天，善待每个人，毕竟，我们只是太虚空中一微尘，迷失在茫茫宇宙的孤星行者。

越年轻越爱想死亡的问题，越想死，越牵挂今生的未了；越到中年越爱思考人生的问题，越思考，越觉得人生并没有什么。

其实，看书和思考，就是想让自己避免真诚的无知和认真的愚蠢，也是想让下一代有免除恐惧的可能。

过去的锋芒毕露也好，现在的隐忍妥协也罢，都是自然而然的事情，并非刻意而为。对人生的艰难困苦极其敏感，对加诸所有人身上的不平与不公感同身受，疾恶如仇，锋芒因而被砥砺而成，如果没有世间的不平和不公，又何来锋芒可言？世间的不平和不公，便是锋芒的磨刀石。而所谓的隐忍和妥协，无外乎两种情况，一种是锋芒被折断，另一种是不合时宜，已经失去了亮剑的机会和意义。中国最大的糟粕，也许是所谓的做人哲学，而中国最精华的，也许就是先学会怎么做人。没有学会做人的人，当然要用所谓的做人哲学来掩饰自己，做人和做人哲学是两个概念，所谓做人的哲学不如理解为做狗的哲学，唯不是教人怎么做人的哲学。

关于微博

总发跟姐妹合影的，是有男友的；总发和不同男人合影的，是单身的；总清空微博的，是男友强迫的；总发爱情感言的，是刚失恋分手的；发许多看不懂的，是在热恋中吵架的；突然不发的，是开始热恋的；不评论的，是秘密发私信的；相互关注的，很多都是刚认识的；相互不关注的，或许是曾经有感情的。
每一个转发微博的人，都带有某种心情想要传达给某个人，可惜某个人不懂。

道德经

道德乃人性之起码条件，而非终极标准。人不应不道德，却不一定非要比别人更道德。专以道德来分人高下，必造成社会上种种不近人情之行为，其弊导人入于虚伪。若做事太看重道德，便流于重形式虚名而忽略了内容与实际。

日本寺观园庭处处给人一种静谧清幽之感，适合清修和冥想，这和中国寺庙人声鼎沸香火缭绕非常不同，中国人谈论某个寺庙无外乎两点：香火旺不旺？灵不灵？香火其实是种贿赂，灵不灵是对贿赂的回报。有人说中国人没有信仰，我深不以为然，中国人不是没有信仰，而是什么都信，信一切有用的东西，人，神，动物，或者虚拟的东西，只要有用就信，而且把传说人物按照世俗分工分等级，考试求文殊，做生意求财神，黑白两道拜关公，或者实在弄不懂菩萨门道最不怕出错的就拜观音。俗语有“平时不烧香，临时抱佛脚”一说，即指平时不送礼，到了关键时刻才贿赂，菩萨才不会管呢。你看菩萨多懂人情世故。而中国人从来就没有把它当作修身修心的途径，而是当作汲汲求进的手段，文化的差异也就导致寺庙文化的不同。聪明实用世故的中国人。

巴黎圣母院
2008. SEP.
PARIS

RUE
DE LA COL
SENLIS
SENLIS.
FRANCE.
SEP. 2008

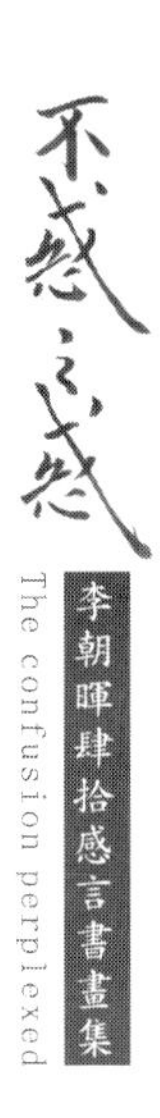

世界末日

倘使生活过得很惬意，那么世界末日就是个谎言；如果活得水深火热，那么天天都是世界末日。

一旦我们意识到神话可能源自那些拥有高等文明的人，那么我们就不得不开始认真听听这些神话到底说了什么：曾经有巨大的灾难袭击了这个世界，毁灭了高等文明，终结了人类发展的黄金时代。并且在地球的历史上这种灾难是周期性的，它还会再发生。

往事不堪回首。因为不堪，所以不愿，或者刻意抹杀，仿佛那段岁月并没有存在过。由于不能正视和反思，其实它又何尝离去过呢？这样最多只需要24小时，我们又会回到天天都是世界末日的时代。

大厦将颠之前有谁愿意相信一夜之间所有都化为乌有？人生最痛苦的莫过于知道将要发生什么，却无能为力，不得不一步一步走到最后，承受你那早已预知的结果。

知识是可以传授的，智慧却不行。人们可以发现它，体验它，也可以接受它的引领，可以用它来创造奇迹，但是却无法用言语和说教来表达它。每一个真理的对立面都是另一个真理。只有片面性的真理才可以表达或者付诸语言，任何可以用思想却想用语言去表达的东西都是片面的，都只有一半，缺乏完整性、圆满性和统一性。乔达摩在说教中将世界分成轮回与涅槃，欺骗和真实，痛苦和救赎，一个想要说教的人只能采取这个方式。而真正存于我们世界的都不是片面的，一个人或者一个行为不完全属于轮回与涅槃，一个人也不会完全的神圣与罪恶，虽然有时候看起来是这样，那是因为我们常常受制于幻觉，仿佛时间是真实存在的一样。既然时间并不真实，那么世界与永恒、痛苦与喜悦、邪恶与美好之间的差距也是一种幻觉。

问禅

弟子问师父："您能谈谈人类的奇怪之处吗？"师答道："他们急于成长，然后又哀叹失去的童年；他们以健康换取金钱，不久后又想用金钱恢复健康。他们对未来焦虑不已，却又无视现在的幸福。因此，他们既不活在当下，也不活在未来。他们活着仿佛从来不会死亡；临死前，又仿佛他们从未活过。"

灵与肉

瞬息浮生，肉体沉迷于生命之舞，或沉或舒；灵魂于门外冷冷旁观，亦喜亦悲。佛曰：须臾浮生，无论轻盈或沉重，皆为生命常态。生命之轻或重各有其欢愉和痛苦，轻或有其苦，重亦有其欢，无论欢愉或苦痛皆是人生本源。或轻或重，无非就是在凡尘留下一个脚印而已，其他的，谁会记得呢?

灵魂于空中冷冷地窥视肉体的欢愉与疼痛。以一个轻盈的姿态，逼视着沉重的躯壳。轻盈，却终究无法逃离。生命本身就是一个陷阱，欢愉与苦痛不休地在生命之轻与重之间往复游离。生命之轻不堪忍受，在于灵魂无所依托，生命之重不堪忍受，在于肉体的不堪其责。灵与肉，究竟谁是主宰；轻与重，究竟谁是归宿?

经历了各种恋爱方式：媒妁之言父母之命朋友介绍自由结合网络相亲试婚同居，最终都以失败告终。于是，你开始相信命了，刻意按照星象学家推荐的匹配星座去寻找，未果；便又开始琢磨生肖属相，无效；是否生辰八字的关系？或者姓氏笔画的相生相克？待一切条件都吻合了，最后还是以分手告终。于是，你开始怀疑爱情了，质疑缘分了，而从来就没有反思过自己。直到最后，你都没有发现这个真理：不是适合你的人没有找到，而是你不适合任何人。

10. AUG. 2013
ZHAO HUI
GEROGE TOWN
university.
WASHINGTON. DC.

19. AUG. 2013
ZHAOHUI
The Pennsylvania state
University. US

征服自然

在近代科学发展的这一段时间里，我们第一次测量了地球上的最高峰，探测了最深的海沟，穿越了外层空间。我们试图在相信我们已经征服了自然，甚至于有人大胆预言：人类在不远的将来将会控制自然。

征服自然？！怎么可能？！我们怎么能征服自然？我们有血，有肉，有骨，有思想，我们自己就是自然的一个特定部分。我们生于自然，根植于自然，受自然哺育。我们的每次心跳，每次神经触动以及每次思潮，我们的各种举动和尝试都受控于无所不在的自然法则。征服自然？我们只不过是自然永不止息的生命和成长进程中掠过的一抹痕迹而已。在地球上，人类进步的历史是不断理解自然之生命和力量的历史。所谓人类的智慧只是对简单的自然法则的理解而已，即便是最有洞察力的科学家，其知识也只是对自然的神奇微不足道的理解。人类的发展就是这些科学的发展，它们向我们揭示了与自然固定方式更为协调的生活方式。而近代科学的发展导致西方人类的妄自尊大，西方人认为自己是和自然对立的，自然是可以通过现代科学手段控制和改变的——这也是近百年来的自然灾难超过了之前整个人类历史的总和的原因。在西方，人和自然环境的作用是抽象的，剥离的，是一种我—它的关系；在东方，它是具体的，直接基于你—我的关系之上。西方人与自然抗争，东方人与自然适应。古老东方的智慧揭示出来的真理是：个体不能与自然和同伴分离，而只能作为其中的一员。但是令人遗憾的是，这种人类最真实的智慧却被那些由近代科学发展带来的虚假繁荣和进步所掩盖，慢慢淡出人类的思维。作为一个活着的人，不可避免地与其他有机体和生物相联系，我们完全依赖地球上那些尚未开发的自然景观区域的生产力，假设它们维持生命的功能丧失，或者衰竭到不可收拾，那么我们也将不复存在。

努力说真话

谎言说了千遍就是真理。长期生活在谎话包围中的人会习惯于谎言思维而拒绝了解真相，在确凿的证据面前最多耸耸肩，说：这怎么可能？被欺骗并不可怕，可怕的是拒绝真相。

耶鲁大学某教堂 / 美国
A church in Yale University / the United States

6. AUG. 2013
ZHAOHUI
FAIRFAX COUNTY
HISTORIC COURTHOUSE.
U.S.
FAIRFAX COUNTY HIS

国会大厦 / 华盛顿特区，美国
Capitol building/Washington, D.C., the United States

佛相・问佛

佛相

“或问，佛有相耶？答：佛有相。问：佛无相耶？答：佛无相。问：佛有相之中无相耶？答：然。问：佛无相之中有相耶？答：然。问：如何是佛有相？答：众生有相，佛焉无相？问：佛相众生相一耶二耶？答：不一不二。问：如何不一？答：佛以沙劫熏修，百千万行，相好庄严，圆成果海。众生旷古无明，性天未朗，所行所感，不出六道，故不一也。问：如何是不二？答：佛言，我昔曾为虫来，未成佛时，何异众生？今众生之中，忽然大悟，已有佛性，于生死海中顿超觉岸，前佛后佛而无间焉，故无二也。问：如何是佛无相？答：佛未出世，相从何生？问：出世后如何？答：镜花水月。”

世事茫茫，光阴有限，算来何必奔忙？人生碌碌，竟论长短，却不道荣枯有限、得失难量。看那秋风金谷，夜月乌江；阿房宫冷，铜雀台荒。荣枯花上露，富贵草上霜。机关参透，万虑皆忘。夸什么龙楼凤阁，说什么利锁名缰。闲来静处，且将诗酒猖狂。唱一曲归来未晚，歌一调湖海茫茫。逢时遇景，拾翠寻芳。约几个知心密友，到野外溪边。或琴棋适性，或曲水流觞。或说些因果报应，或论些古今兴亡。看花枝锦绣，听鸟语笙簧。任他人情反复，世态炎凉。优游闲岁月，潇洒度时光。

问佛

我问佛：如果遇到了可以爱的人，却又怕不能把握该怎么办？

佛曰：留人间多少爱，迎浮世千重变。和有情人，做快乐事，别问是劫是缘。

我问佛：世间为何有那么多遗憾？

佛曰：这是一个婆娑世界，婆娑即遗憾。没有遗憾，给你再多幸福也不会幸福。

我问佛：如何让人们的心不再感到孤单？

佛曰：每一颗心生来就是孤单而残缺的，多数人会带着这种残缺度过一生，只因与能使它圆满的另一半相遇时，不是疏忽错过，就是已失去了拥有它的资格。

缘为冰，我将冰拥在怀中。

冰化了，我才发现缘没了。

我信缘，不信佛。

缘信佛，不信我。

3. AUG. 2013.
ZHAOHUI
WASHING·D·C
TON

秋思

秋雨惹相思，晓风又散忧思。

何曾想到，一声道别，竟是几十年。再见时，你已是白发。一个微笑，一句“你还好吗”，“好”字未出，泪已成行。你笑着说，一切都很好，你呢？我说，一切也挺好的。

闪动的双眸又多情地泄露了一切。

秋日，一壶热酒，两三杯下肚；微醺。

你说，太醉了不好。此刻，微醺，恰到好处。

什么是恰到好处？用情太深，伤己；用情太寡，伤人；不浓不淡，就恰到好处了吗？

满目荒凉的落叶伴随着漫山遍野的丰收。此处的相逢，满目的心酸伴随着满心的期待；从春光灿烂到萧瑟秋雨……

热酒已饮过，热茶也续水了几轮。紧紧地握住你的手，再狠狠地抽出我的手……落一滴泪，藏在月夜的寒风里，一切静待风的吹散，散了相思，散了等待，散了牵牵绊绊！

这次，离别后，再一次相逢，是今生，还是来世呢？

喜欢花间淫艳的词曲，也喜欢读史，倒不是想“明得失、知兴替”，只不过确实觉得有趣，那么多人物走马灯似的像演戏一般，你方唱罢我登场。历史也不都是那么的轰轰烈烈，无非是若干人在若干天里干的若干事情的总和而已。而这些事情或偶然或必然地发生，导致我们现在存在的这个世界，一如我们现在所发生的任何偶然事件都是未来世界的一个必然成因，每个人都在创造着历史。

历史课本上没有细节，历史只是一条不断向前的直线：封建社会取代了奴隶社会，资产阶级战胜了贵族与地主，然后工人阶级又成为先进生产力的代表……或者干脆直接生硬地分为新社会和旧社会。而即便是在崭新的新社会里，许多人头脑中的历史观也都是“突变”的：因为一次偶然的事件，一次会议，一个伟大人物的出现，某个人不经意的某句话，人们的命运就在突然之间发生了戏剧性的逆转。人们已经习惯了把自己的全部命运寄托在某些偶然的不可靠的因素之上了，而不知道——其实自己才是历史的主人。人们已经习惯于中学时上历史课被教育说“谁掌握了历史，谁就掌握了未来”，却忘了被告知另外一句更加重要的话：“谁掌握了现在，谁就掌握了历史。”

历史就是沧海。目光是微粟，微粟漂流间，风浪已经巨大到不可见不可闻，只觉王侯将相英雄红颜呼啸地从身边掠了过去。奈何桥上、轮回井边人头攒动，客满为患。

读史。最沧桑莫过于关注历史人物及其命运了。一个名字，或闻所未闻，或如雷贯耳，后面都紧紧跟一个括号，括号里是两个数字，中间一条短短的横杠。这半厘米都不到的距离，竟然就是其一生。读的人，眼睛都来不及眨，生与卒已在一瞥间掠过。而轻轻把这一条横杠拈起来，就像拈根绣花针一般的，一根闪亮的丝线被悠然引出。于是便会发现，原来这一段被浓缩的岁月居然还好端端地在着呢，顺着丝线随手一扬，那些日子就如同一件无边无际的绣品似的光光滑滑地展开了。针脚依然紧密，线色依然光鲜，感动还是当时的感动，痛也还是当时的痛。金銮殿里，皇帝的脸谱变换着，曲江边的状元探花走马似的换，英雄在天地间纵横立马，红颜在红尘中委婉游离，黄铜镜里一回首，玉钗花钿跌落于尘，零落成灰。

高高的塬上，有风吹过青青的墓冢，白杨树下飘落一片两片黄色的叶子。而白杨青冢的塬上，又在某一天变成新修的景观，或许是高楼酒店，或许是宽阔的马路。千百年后的那一位女子在柜台前伸出纤纤的手指，将试戴的钻戒取下来，说：就要这一只。身后的英雄将她轻轻拥在怀里，潇洒地取出信用卡。红颜或许不记得了，千百年前的她还在寒窑里守望，在酒垆边卖酒，在深闺的楼头遥望陌上杨柳，在歌舞楼台的酒气花香里寂寞老去，或留美名，或留诗名，或留骂名，或什么都不留。

可是，英雄呢？

太史公说：昔文王拘而演《周易》；孔子厄陈、蔡，作《春秋》；屈原放逐，著《离骚》；左丘失明，厥有《国语》；孙子膑脚，而论兵法；不韦迁蜀，世传《吕览》；韩非囚秦，《说难》《孤愤》。

塞戈维亚城堡 / 西班牙 ／ Segovia castle/Spain

司马迁遭受着作为男人最大的耻辱，然而他可以忍着不死。生命很重要，尊严更重要，但是，还有比个人尊严更重要的东西。死很简单，一瞬间就可以完成，但他不敢。历史的使命如泰山般压在他的肩上，小子何敢让焉？于是他把自己想象成受拘的周文王，想象成被放的屈原，想象成一切蒙大难而成大事的人，用自己屈辱的一生，去讲述千万的英雄，成就千万的英雄。

司马迁就是大英雄，是英雄中的英雄。有了这一位大英雄，然后才有了华夏灿烂历史长河中千万英雄成群结队地出场。而历史长河从不可知的源头高处呼啸着当头而下，磅礴着涌过高山平原，向着不可知的地方奔涌。河水时宽时窄，河道时分时合，河里的蝼蚁浮浮沉沉。当河道分开，水流就会变得脆弱，渐分渐远的时候，会被阳光蒸干，会被土地吸收，会被其他的河流合并。这时候，就需要一种力量将分散的水流汇合，将源头延伸，再延伸，汇入江河湖海。

人性当中，有着自由的天性。原始社会的无拘无束永远是人们向往的生活。但是，散漫终于纳入正轨。当人类成为一盘散沙，离灭亡就不远了。五千年前，中华大地上各个部落开始作乱，百姓被无辜牵连。天地间，人，这渺小的生灵卷袭在可笑的纷争中，面临存亡的考验。于是，少典氏的英雄开始“习用干戈，以征不享”。逐鹿之野的呐喊和野兽咆哮惊天动地，华夏第一次被一统，安大鼎，定太平，抚万民，度四方，繁衍下的子子孙孙兴衰成败却生生不息地走到今天。他是我们的祖先，但是我宁愿称他为英雄——公孙轩辕，我们的黄帝。他用他无人能比的力量，将中华民族的灵魂凝聚成不可摧不可断不可抗拒的洪流。

VENONA·20·AUG·2008
ZHAOHUI· ITALIA

威尼斯水道一角 / 意大利
Waterways of Venice/Italy

尽管在漫长的日月轮转中，中国人南来北往东奔西走地聚散离合着，但心从来没有真正隔离过。如果朝代是珍珠，那么五千年前留下的血脉就是串联珍珠的绳索。命运翻云覆雨的手，拨弄出一个又一个或力挽狂澜或思传百代或感动世界的英雄，他们是珍珠的打磨者。英雄名字不用逐个数，不管是古往还是今来，华夏文明因为有了他们才这样熠熠生辉，这样让人不顾一切地记在心里，爱在心里，痛在心里。

历史纵向的延续，人心横向的凝结，纵横之间，我们就站立于其中某一点。由这一点放眼望去，经纬历历，光阴由远而近，又由近而远。这一远一近更换得如此迅速，荡漾起来，让人措手不及。

百战纷纭的时代，命如草芥的人间，百姓哭喊挣扎间，秦王嬴政巍然站起，大手一挥，江山尽入其帏。眼看这就四海始归心了，秦始皇又一声令下，万千孺子就逃无可逃，在黄土的掩盖中归了尘归了土。于是，咸阳城里火光冲天烧得不亦乐乎，却不料点燃了骊山的火种，从此大火一烧再烧。这火与那火，不过转瞬之间。

这边项羽正趾高气昂扬地说："富贵不归乡，如衣绣夜行，谁知之者？"那边就站在了萧瑟风吹的乌江边上。渡乎？不渡。离乡楚人的乡土情结在异地楚歌声中化作致命的武器。江东父老引颈而望，也只不过听到乌骓马一声仰天的悲鸣。

刘邦却在微微地笑。狡兔死，走狗烹。那么多年前的明月，照耀过飞马扬鞭追留韩信的萧何，也照耀着长乐宫里的杀戮和韩氏家族的哭喊血泪。大汉王朝，煌煌天下，千秋万世的颂歌中又忽然分崩离析。历史的万花筒一摇晃，零碎的彩片在撕杀碰撞中又组成另一个辉煌的时代。

于是，杨家女儿倚门远望，天地一新，盛世开元。秋波只一转，华清池的温波里就开出一朵绝俗的牡丹，长门外则谢落了满满一地的梅花。"何必珍珠慰寂寥？"江采萍正哀哀地怨，霓裳舞已冠了京华。以为这样就是一生。然而渔阳的鼙鼓如同一座突发的火山，乍迸的岩浆和火灰就这样漫淹过那些人与事。歌声还在，舞姿犹新，而人事已经定格成庞贝古城，然后风化。

武媚娘将古旧的红漆木箱徐徐打开，压箱底的是一条鲜红的石榴裙，泪迹犹深。看朱能成碧，白发忽已生。宫墙之上，夕阳渐渐落了下来。一代女皇孤独地叹息着将头低下去，花蕊夫人擦干眼泪对着赵匡胤昂起头来：君王城上树降旗，妾在深宫哪得知？十四万人齐解甲，宁无一个是男儿！

斧声烛影里，一代新王朝又拔地而起了。

"班头领袖"柳三变满怀骄傲地高歌"东南形胜，三吴都会，钱塘自古繁华。烟柳画桥，风帘翠幕，参差十万人家。云树绕堤沙"。他听不到后世的那一支名作《崖山哀》的凄凉筝曲。在广东新会的崖山，

20. AUG. 2008
VERONA. ITALIA
ZHAOHUI.

陆秀夫，这南宋的最后效忠的臣子背负着幼主跃入了滚滚东海，宁死不受蒙古军队的侮辱。细细的筝弦上，历史一颤一抖。

而遥远寒冷的沙漠上，铁木真一支利箭穿透云天，铿然射在中原大宋的龙椅上。几十年浴血苦战，为子孙开基创业，此生无悔否？一将功成万骨枯，此生无恨否？风漫过草原，猎猎而响，卷起黄沙白蓬。

无数的更替告诉我们，顺民者昌，逆民者亡。当蒙古统治者为远征的胜利欢呼的时候，天地又已经换了主人。

主人已经更换，人间依旧黑暗。阳光一直一直毒辣下去，蝗虫大片大片袭击飞来，百姓饿了吃石头，吃粪便，吃人。连哭的力气都没有了，大地应是一片沉寂。似人似鬼的生物游走着，忽然倒下就死了。人间炼狱不过如此吧。朝廷却依旧荒淫。我们的大明王朝啊！

当李自成揭竿，当吴三桂开关，他们不知道，他们这一对死对头，竟然联合迎接了又一个天朝大国的到来……

书页就这样一页一页地翻过去。纸张那么薄，举起来对着灯看还能透过来些朦胧的光。这一页哈哈大笑的尾音未收，酒杯的酒泼出来还没有溅湿蟒袍，那一页揭开，铁骑已经开始屠杀；这一页宝鼎篆香犹未燃尽，红绡帐还没放下，那一页已经被炮火烧成灰烬。

上一行里，他出生了，这一行里他中举了，下一行里他创下了丰功伟绩，然后他死了，有了这样那样的谥号，又然后下一个人接替了他，再然后他们都飞成尘飞成灰，鼓角铮鸣着又铿然截止。他们的一切又

萨尔兹堡 / 奥地利
Salzburg/Austria

罗密欧与朱丽叶的故乡 / 维罗纳，意大利
Romeo and Juliet's hometown/Verona, Italy

凝结成那一根闪亮的丝线，一番穿针引线后又“嗖嗖”地缩了回去，依然化作括号中的那两个数字和那一条短短的横杠，在白纸黄卷间沉默。此刻——

青山亦沉默。

夕阳亦沉默。

红颜亦沉默。

英雄亦沉默。

也谈谈《唐山大地震》

老年人的神经末梢总是要迟钝得多，在备受热议传得沸沸扬扬的《唐山大地震》下线后很久，才慢慢翻出早已买下的这张碟片，细细地品味了一番。

总的来说，冯小刚是当今中国仅有的几个会讲故事的导演之一，而且他的叙事能力及影片的内涵品位也越来越高，从前几年插科打诨的贺岁片《甲方乙方》《不见不散》《手机》到《天下无贼》以及《非诚勿扰》和《集结号》，他已经逐步地往大师级人物沉稳迈进；而久负盛名的张艺谋则落入片面追求画面镜头的唯美以及不惜重金舆论造势而取得的票房保证的窠臼，已经和真正的电影艺术渐行渐远，而更像一个孤芳自赏的当代艺术的实践先锋；从无聊至极的《无极》里也看得出，陈凯歌这位颇具深度的导演在数码电脑科技冲击之下也想做一番失败的尝试，这几乎被全国影迷口水淹没的窘境到《梅兰芳》的完美出场才得以解脱，拯救了这位早年因为《霸王别姬》而奠定较高声望的电影大师的晚节不保；当然，年轻的陆川的《可可西里》和《南京南京》十年磨一剑的严谨的艺术态度没有让人失望过……如果再说下去颇有滔滔江水绵绵不绝的意思了，就此打住，言归正传，就说说《唐山大地震》吧。

SALIBURG.
24. AUG. 2008.
AURSTRIA

正在维修的教堂 / 维也纳，奥地利
The maintenance of the church/Vienna, Austria

看完之后，并没有如其他人说的那样感觉到强烈的心灵震撼，有几个催人泪下的镜头无非也是因为徐帆无可挑剔的完美的演技，把饱经沧桑隐忍难言的承受了巨大心理痛苦却强力掩饰的故作轻松的表情刻画得入木三分，正是这样经历了人世间大喜大悲而看似平淡无奇的表情才把我的眼泪如断了线的珠子般拉了出来。与其说让人感动的是连时间和空间都割离不断的亲情，不如说是数十年如一日的默默地坚持，对自己内心的愧疚用余下的一生来忏悔，而这种坚持和忏悔正是我们现在浮躁浅薄的社会所缺失的。当我们为了影片中的动人情节落泪的时候，有谁想过他们这些年每一天过的是怎样的一种生活？每天怎样枯燥地面对同样的日出日落？每晚怎样熬过那些漫漫的无尽长夜？其实电影之所以感人是因为它把人世间几十年的辛酸和困苦浓缩到短短的两个小时之中了，现实中每个人的人生都是很平凡和艰辛的，再精彩的片段平均放在三万个日子里也就淡得如一杯白开水了。只是有些人把自己隐忍不言的伤埋在内心最深处，不愿轻易地让别人知晓，只有在深秋雨夜独处时才默默地含着眼泪独自数着伤痕，唯一不变的就是：岁月就在你一边叹着气一边轻轻抚摸着伤痕的十指之间，不知不觉地按着自己亘古不变的速度流逝，不会因为你的哀伤或者欣喜而改变流逝的速度，你除了叹息声还可以听到你耳边鬓发慢慢变白的声音。人世本已多艰，我们应该珍惜我们现在所拥有的一切，善待每一个身边的人，并应该为自己的内心深处保留一个空间，保留一种信仰，而为这种信仰默默地用一生来坚持，这样当我们老得走不动路的时候便会无悔地说我用我的一生努力了，才会带着安详的微笑离开这个纷扰的又让人留恋的人世间——正如元妮所做的那样。

故事的完美结局当然也要取决于一些虚构的因素，电影里也许每一个个体都是真实的经历，然而把这些小概率的真实集中放在一起就显得不太那么靠谱了。元妮这一家人的厄运在大地震完结时就基本结束，接下来的岁月每个人（除了元妮）都是完美的人生：首先是人残志坚的方达，按电影开始的叙述是一个不思学习进取的街头混混，南下闯荡，终于衣锦还乡，而且还 孝顺无比。要知道中国人口之多竞争之激烈，就算是四肢健全的聪明人大多也是碌碌无为郁郁终老，年轻时指点江山的豪气万丈总会被平凡的生活打磨得棱角全无，而方达从一个蹬三轮的几年就发展成为一家大旅游公司的老总，这如果没有老天的特殊眷顾恐怕是完全不可能的（现实中大多数这样的人的结局就是每天在街边或者地铁口摆一个箱子）；其次是方达的乖巧的知书达理善解人意而且又不贪图钱财的媳妇，这样的媳妇，在全民经商的物欲横流的商品社会现实中也是打着灯笼都难以找到的，即便换成一个正常人都是不容易获得的吧。再说说方登，也是由于上天的特殊眷顾而被一对疼爱她视如己出的养父养母领养并如愿考上大学。然而她在1990年大学三年级时就独自一人带着私生子闯荡江湖，在这样的环境之下，你可以想象她当时的孤苦困境，如果没有内心超凡的坚毅，根本就是无法挺过的。虽说女人承受痛苦的能力比男人强，但总也要有可以承受的时间和空间吧，真不知这些年她是怎么度过的？片中只是叙述了一下她带着孩子当家教为生，我想她这些年所承受的痛苦并不亚于她的妈妈元妮。然后又嫁给一个大她十六岁的外国男人，这也是完美的结局，完全是方登圆满的归宿，也许只有成熟的男人才会有这样真挚的感情接纳她们母女，但他和她并没有相识相交的平台啊——如果没有老天特殊眷顾的话。

最后再说说兄妹的相遇。要知道2008年汶川特大地震，地震殃及的地方之广：汶川、汉旺、北川、绵竹等地，到处都是救灾现场，怎么可能在那么广大的地域空间里如此巧合地偶遇，时间地点人物谈话内容

古城河对岸的现代建筑 / 维也纳，奥地利 Modern architecture across the river of the ancient city/Vienna, Austria

等，任何一样差之毫厘就会失之千里，如果没有老天的特殊眷顾怎么可能发生？

呵呵，看似悲观主义者的我无意鸡蛋里面挑骨头。这就是电影和小说艺术的魅力之处，把人世间种种小概率的偶然集中融合到一个剧情里面，让人感觉戏如人生，因为每个人都可以在电影里（或小说里）某个特定的片段里找到自己的影子（或者自己希望的样子）。只可惜人生并不如戏，很多人幻想着和电影里的情节对号入座，幻想着每一天都过得精彩，殊不知精彩需要付出精彩的代价。元妮让我感动落泪的代价就是她付出了32年如一日的默默坚持，而表面上又是那种轻描淡写，如果没有经历过人世间的大喜大悲，哪有这样从容淡定？我们为之所感动的恰恰是我们无法在现实中做到的。总之，这是一部很好的电影，与其说影片是塑造了一个人，不如说是塑造了一种难以企及的信念。徐帆的演技让和她配戏的年轻演员显得那么单薄。

我想，我们所有人都应该有所思，就算是让眼泪无顾忌地流下来，我们或许能看见内心里最真实和善良的自己。灾难总会过去，随着时间的推移，我们依然要回到正常的生活轨迹上来。让我们共同祈祷和祝福那些在地震中遭受损失的人们，乞求时间能够抚平他们心灵的创伤。让我们的内心都拥有那份属于自己的坚持。

真的，和地震中遇难的同胞相比，我们简直就是幸运儿，我们还有什么理由抱怨生活的不公、人生的坎坷？我们还有什么理由不珍惜身边的一切——每一个人、每一段真挚的感情、每一个执着的坚持？

维也纳的现代建筑 / 奥地利
The modern architecture in Vienna/Austria

网络时代的爱情

网络时代的爱情，连分手都变得那么乏味而没有意义。前网络时代的爱情，分手的时候会把对方所写的情书全部收集起来，完整地寄还对方，代表把对方爱慕相思的一颗心完整地退还，表示彼此情缘已尽，从此人海两茫茫；或者在深夜独处时，把她或他所写的情书全部烧毁，随着那一字一句的甜言蜜语慢慢化为灰烬，眼角闪烁着泪光，看着自己的那份爱情也随着升腾而去，于是各自天涯；或者把所有的情书都收藏在箱底，把这一段感情尘封起来，不再去轻易触碰，自此对他或她再也没有了相思的哀愁，只有淡淡的牵挂，直待到年老色衰参透生死及聚散时，在夕阳下轮椅上慢慢品味这一段甜蜜，于是饱经沧桑的布满皱纹的眼角会露出一丝微笑，虽然此时也许她或他已不在人世。

网络时代的爱情，连分手都变得那么乏味而没有意义：键盘全拼或者五笔，输入的汉字每分钟可达一两百个，而且不需要动什么脑筋，智能联想就会把你想要表达的词组自动生成，而不会像手写情书的年代那样有时为了一字都要推敲半天，甚至为了一些词语的用法辗转反侧，还要揣摩对方在看到这封信时的感觉和表情，这样经过几天的心理折磨之后就会甜甜蜜蜜地睡上几个好觉，而当情书寄出时，不安与失眠便又会接踵而至：对方会接受么？会生气么？会因为自己的唐突弄巧成拙反而连朋友都做不成了么？此时的她（他）在做什么，和什么人在一起呢？

网络时代的爱情，CTRL+C+V便可以把电子情书发给无数个相识或者不相识的人，网子撒大了难免会勾住一两条跑不掉的鱼，于是便发生一段类似爱情的东西。网络时代的爱情，于是泛滥，于是感觉爱情仿佛无处不在，而又觉得无处可在。网络时代的电子情书看似铺天盖地，其实千篇一律乏味透顶，互相拷贝，拾人牙慧。于是，网络时代的爱情，连分手都变得那么乏味而没有意义：只需要轻轻抬一下手指，点一下DELETE，对方所有的一切便在零点零几秒中消失得无影无踪，仿佛这个人从来就没出现过。

爱没了，恨更无从谈起，相思和牵挂更是奢侈的愿景，一切淡淡的仿佛空气，无从捉摸也没有边际。

维也纳一景 / 维也纳，奥地利
Vienna scene/Vienna, Austria

缘

谁的抒情醉我心田？谁的歌声吹我罗衣？

仅目光浅浅地一啄，心神便几乎失散。记忆依稀，旧梦曾见？

佛捻断了一声叹息，苍黄便染了满眼。

雪花漫漫飘落的季节，笑容已被冷霜覆盖。灯花百结之后，燃尽的灰中明明灭灭的依旧是你的影子。

缘来缘散缘如水。

也许是万年吧。风薄薄地吹在脸上，很柔软。春水浅浅，一树梨花掩映，你敲开门扉，能饮一杯否？我笑靥羞涩，直映入碗底，你一饮而尽，饮尽的还有我的身影。

也许是千年吧。风咬破了黄昏的唇，残阳如血。荒原苍凉，雪尽马蹄轻。茶山之茗香气袅袅，你的流浪歌声疲惫地传来，打翻了我的宁静，从指尖滑落的碗滴溜溜转动，碗上釉着我如清茶一般的心情。

也许是上个轮回吧。细雨牵斜风，一帘如幽梦。小巷幽幽，苔藓青青。我静坐窗前，心事如莲般开阖。你轻叩青石板的脚步声，即远即近，若有若无，惊扰了我。茶碗跌落，瓷片纷飞如落花。

也许仅仅是也许。

我说梦到你了。说你在月光下孤独地奔跑，一路风尘弥漫，那被月光洗白的衣衫上缀满了清冷凄凉的象形文字；背影匆匆复冲冲，表情漠然且默然。在你的背后，我一夜泪水。

唉，梦里梦到自己流泪，却将悲伤带到醒来。

只是，你不知道，你丢了我给你的钥匙！千年以上，万年以降，我一直在挣扎。挣扎在奈何桥和红尘中，挣扎着记住你的样子和来时的小路。可是，你轻易地把钥匙丢了。再也打不开我深锁的心门，你便一直在找，在疯狂地找，竟没有留意到原来今生已找到我剪水的双眸里去了……

缘来缘散，缘如水。

雪地里走着两个人，一个傻笑，一个高傲。上帝看见了，笑了笑说：真，好。

在这个寒冷的冬季，我们的指尖几乎相触，指尖上的温度氤氲了虚无，心幸福地腾空了。那时，只需稍稍地抖动一点，双手便会紧握了。只是……

话筒里的声音缥缈而无奈，一如盈满了泪的眼。这一世，我们再次擦肩而过了。

给我一刹那，对你宠爱；给我一辈子，送你离开。那细微的泪痕，也当成为一生中温暖的哀愁。

灯残梦已灭，独立风中，不觉鬓已深秋。也许来生……

缘来，缘散，缘如水。

纵然是轮回之外还有轮回，但路的尽头却依然是路，那深深浅浅的泪痕，固执地打湿了千年的风霜。你或许本来就是你自己的风景，而我只是你路过的景致。这一刻，我不再年少！

缘来缘散缘如水……

9, AUG, 2008,
今天阴天，出奇的冷，穿了两件。
站在寒风中远眺布拉格城堡
想着国内的同胞还在苦熬酷暑，
我冷得手发僵硬真是奢侈。

Chinese people's character / 中国人的品性

一、温良 1.Gentle

二、礼仪 2.Etiquette

三、崇古 3.Worship of ancient

四、气节 4.Integrity

五、情趣 5.Temperament and interest

六、情感 6.Emotional

七、自由精神及其他 7.Free spirit and others

中国人的品性

物质意义上的文明史，可以标画成从低级到高级逐渐递进的图像；但是精神意义上的文明史，却未必如此，有时候甚至刚好相反。当中国人蓦然回首，发现汉语民族在思想文化的著述上竟然始终没有超越几千年前的先秦诸子的时候，一个相当尖锐的疑问自然而然地呈现在人们面前：历史到底是进化的，还是退化的?

当今的中国人——进化了的中国人——是唯西方“唯物论”“科学论”“进化论”马首是瞻的中国人，他们比以往任何时候都彻底地否定自己的过去，争先恐后地抛弃了自身优良的有别于其他民族的独特品质，一味地迎合西方所谓现代进步的文明，他们为说得一口不流利的英语而感到自卑，甚至觉得自己与生俱来的黑头发黄皮肤都是低等民族的标志。“如果中国人理解世界与理解自己的方法不改变，一切改变都无从谈起，他们马上将比过去更加彻底地否定自己。”这正是现代中国人真正的可悲之处：我们并不了解自己，就匆匆忙忙地否定自己。所以重新审视和认识自己在当今就显得那么的迫切和必要。

正如辜鸿铭先生所说：“要懂得真正中国人和中国文明，那个人必须是深沉的、博大的和淳朴的。因为中国人的性格和中国文明的三大特征，正是深沉、博大和淳朴。”

一、温良

首先，中国人给人的感觉是“温良（gentle）”——这是源于同情心和智能（intelligence）这两种东西相结合的产物，绝不是懦弱和软弱的服从，而是内心的温和平静以及外表的庄重老成，不会让任何人感到不愉快。而这种温良在很多时候却被误认为是中国人在体质和道德上的缺陷——温顺和懦弱。

4. AUG. 2008
BUDPest.

布达佩斯英雄广场 / 匈牙利
Budapest Heroes Square/Hungary

话说林则徐初到广州禁烟时，西方多国领事特备了西餐宴请林则徐。在吃冰激凌时，因为冒着气，林大人以为很烫，便张嘴吹了吹才放进口中，遭耻笑，林隐忍不发。几天后，林盛宴回请。几道凉菜过后，端上来蒸芋泥，芋泥颜色灰暗，不冒热气，乍看犹如凉菜，实则烫舌。果然众领事一见佳肴，纷纷舀起来就吃，满嘴黏着，烫得呜呜直叫，林不禁莞尔。

由这种温良品性所衍生的另外一种处世哲学和生活态度就是“随遇而安”，他们在任何环境中都能乐天知命，安于现状，与世无争，悠然自得——这也是中华文明为什么能历经无数磨难而绵延不断延续至今的一个重要的原因。“谦逊”则是由温良衍生出的另外一种品性，中国人能够不失风度地接受他人的指责，他们能够耐心、专心、真诚地听你指出他的缺点并高兴地接受，还说：“这是我的错，这是我的错。”中国人好比竹子，没有比这个更贴切的比喻了。竹子高雅，柔顺，中间为空，可随意弯曲，而又不失自身柔韧的力量。称柔顺是因为在他们像骡子一样”倔强“的性格中，还包含着一种盎格鲁撒克逊人一直缺乏的屈从的能力。这种温良的品性衍生的另外一种处世哲学和生活态度就是：中庸之道。这种对通情达理精神的崇拜，于是就变成在思想上对所有过激理论，在道德上对所有过激行为的一种天然的厌恶。结果自然就形成中庸之道，实际也就是古希腊人“nothing too much”（凡事适可而止）的理想。对中国人来说，一个论点“从逻辑上推断是正确的”，那还远远不够；更为重要的是这个论点应该“符合人的天性”。“Moderation”的汉译为“中和”，意思即“不走极端、和谐、适度”。“Restraint”的汉译为“节”，意谓“控制到合适的程度”。《尚书》中记载着中国最早的政治文献，其中有尧劝告舜的话：“允执厥中。”孟子赞赏另一位皇帝说“汤执中”。据说汤总是“执其两端而用其中于民”。意思是他要听取两种对立的观点，给双方各打百分之五十的折扣。中国人如此看重中庸之道以至于把自己的国家也叫做“中国”。这不仅是指地理而言，中国人的处世方式亦然。这是执中的，正常的，基本符合人之常情的方式。在世界哲学史中，《道德经》是一部最辉煌、最顽皮的自我保护的哲学著述。它不仅教人以纵情放任，消极反抗，而且教人愚中之智，弱中之强，受辱的好处，隐藏的重要。有一条道德格言说：“不敢为天下先。”理由很简单：这样你就永远也不会暴露自己从而受到别人的攻击，你也就永远不会被打倒在地。这是唯一已知的、讲无知与愚蠢是人生斗争最好伪装的理论，这个理论本身也是人生最高智慧的结晶。孟子意识到杀生的残酷，但又不舍得完全地抛弃肉食。所以他想出一条妙计，为自己规定了一条纪律，“是以君子远庖厨也”。看不见厨房在干什么，这使得儒家的良心有所安慰。对解决这个饮食难题最好的答案就是典型的中庸之道。

二、礼仪

中国是礼仪之邦，而这种礼貌的本质就是体谅、照顾他人的感情。中国人有礼貌是因为他们过着一种心灵的生活，他们完全了解自己的这份情感，很容易将心比心推己及人，显示出体谅、照顾他人情感的特性。所谓“己所不欲，勿施于人”。中国人的礼貌不像日本人那种程序化的像剧院排练似的繁杂得令人不适的礼貌，而是一种发自内心情感的礼貌。难怪有人会说：作为外国人，在中国居住时间越长，就越发喜欢中国人。“他们虽然或不免于粗鲁，但不至于粗俗下流；或不免于难看，但不至于丑陋骇人；或不免于粗率鄙陋，但不至于放肆狂妄；或不免于迟钝，但不至于愚蠢可笑；或不免于圆滑乖巧，但不至于邪恶害人。”总之，就其身心品行的缺点和瑕疵而言，真正的中国人没有让人感到厌恶的东西——即使是生活在社会的最下层亦然。即使是对中国人持偏见的批评家，也不得不承认中国人已经把礼貌升华到了一个完美的境界，“这个民族的精英，把西方只有在宫廷和外交上才使用的繁文缛节，变成了日常交际的一部分”。当然，中国人的生活并不是被这些繁文缛节所束缚，而是因时因地，就像节日的盛装，该拿出来时就拿出来。“我们必须承认，在中国即使有很少见的不懂礼貌的人，他们也要比西方最有修养的人要强得多。”（亚瑟·亨·斯密斯 Arthur Henderson Smiith）中国叫礼仪之邦已经有数千年的历史了。中国的“礼乐射御书数”传统六艺中，“礼”字第一，充分说明了中国人重视礼仪的传统。《论语》上有一则故事，孔子警告儿子孔鲤说：“不学礼，无以立。”意思是：如果不学礼的话，是没有办法立足的。曾经家喻户晓的《三字经》中指出，做儿女的，从小时候起，就应熟习在不同场合的各种礼节，学习礼节仪文之事。历史上一些著名的“家训”“学规”中，都有大量的关于日常衣食住行、待人接物等方面的礼仪规范。人与人交往，如何称呼对方，彼此如何站立，如何迎送，等等，都有礼的规定。即使是吃饭，也应该在举手投足之际显示出自己的修养，谓之食礼。行为合于礼，是有修养的表

布达佩斯远眺皇宫 / 匈牙利
Overlooking the palace from Budapest /Hungary

布达佩斯街景 / 匈牙利
Budapest street/Hungary

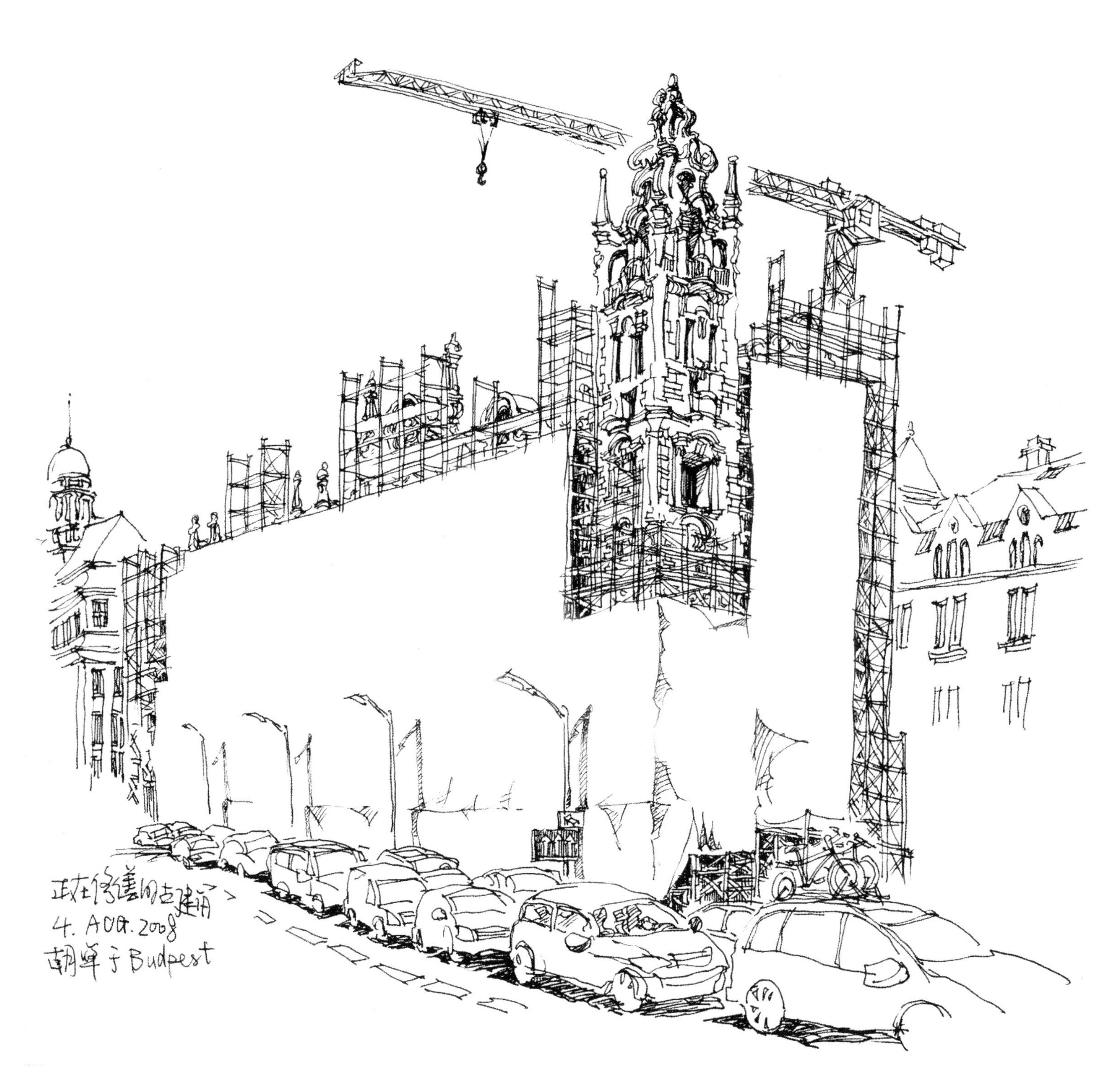

现，反之则不能登大雅之堂。可以说，当时社会的主流是要求文明、修养、礼仪、行为高雅得体，如果想被社会接纳，就要修身养德而规范自己的行为。唐宋及以前，中华文化是优雅的代名词，中国是礼仪输出国。史载中国商人到东南亚去，被看作来自礼仪之邦的人上人，甚至免费食宿。日本和朝鲜也一直深受汉唐文化的影响。现在的韩国和日本仍然继承了一些来自中国的礼仪规范，人们还比较重视使用表示敬意的雅语和举止。

三、崇古

古人崇古，今人崇新。这也是现代一些中国人数典忘祖否定自己的现象之一。林语堂曾说：刻画中国人的性格不能不提及保守性，否则就不完整。“保守性”并不是贬义词，它是一种自豪，建立在对现实生活感到满足的基础之上，中华民族是个骄傲的民族，这种骄傲是完全可以理解的——尽管有时在政治上蒙受了奇耻大辱，但是在文化上他们却是一个硕大的人类文明中心。就在英法联军抢劫焚烧了圆明园之后，雨果愤慨地说：“野蛮人闯进了文明人的家园，两个强盗一个放火，一个抢劫，他们把欧洲所有教堂所珍藏的宝物加起来都比不及的东方博物馆抢劫一空，然后笑嘻嘻的携手返回欧洲。他们必将受到人类文明的审判，这两个强盗的名字，一个叫英吉利，一个叫法兰西。”中华民族比其他任何民族都确信，已经过去的时代才是他们的黄金时代。古代的圣人谈论更古的“圣人”都带着无比崇敬的口吻。孔子说他不是一个开创者，而是一个继承者，他的使命是把人们所知道的一切，包括长期被忽略和被误解的知识收集起来。正是他在完成这项事业中所表现出来的执着谦卑与才能，使他成为这个民族非凡的圣人。“有时，连目不识丁的苦力都会告诉我们，在尧舜时代夜不闭户，因为没有盗贼。路不拾遗，最早看见失物的人会在原地守候，并与其他人轮流守候，直到失主完好无损地领回失物。世风日下，人心不古，今不如昔这种厚古薄今的倾向不只限于中国和中国人，全世界都是如此，只不过中国人对此深信不疑的程度是其他民族无法比拟的。”（亚瑟·亨·斯密斯）1902年，张之洞上奏折提出“防流弊”三条措施：“一曰幼学不可废经书，二曰不必早习洋文，三曰不可讲泰西哲学……中国圣贤经传无所不包，学堂之中岂可舍四千余年之实理，而骛数万里外之空谈哉。”就是看到了传统文化对培养民族优良的品性的作用。

司马迁“四十七岁时以李陵事下狱，受宫刑。出狱后，为中书谒者令”。受刑之后，司马迁无论精神和肉体都痛不欲生，“是以肠一日而九回，居则忽忽若有所亡，出则不知其所往。每念斯耻，汗未尝不发背沾衣也。所以隐忍苟活，幽于粪土之中而不辞者，恨私心有所不尽，鄙陋没世，而文采不表于后也。”在这种生不如死的情况下，正是古代的先贤给了他极大的精神力量，“盖文王拘而演《周易》；仲尼厄而作《春秋》；屈原放逐，乃赋《离骚》；左丘失明，厥有《国语》；孙子膑脚，《兵法》修列；不韦迁蜀，世传《吕览》；韩非囚秦，《说难》《孤愤》；《诗》三百篇，大抵圣贤发愤之所为作也。”司马迁于是“网罗天下放失旧闻，略考其行事，综其终始，稽其成败兴坏之纪。上计轩辕，下至于兹，为十表、本纪十二、书八章、世家三十、列传七十，凡百三十篇。”这就是我们所熟知的《史

查理桥 / 布拉格，捷克
Charles Bridge/Prague, Czech Republic

记》的由来。很难想象如果没有对先贤的崇敬和向往以及对史官气节的坚持，当时四十七岁已近知天命之年的司马迁在受了宫刑之后，还能忍受身体和精神上巨大的痛苦坚持完成这个鸿篇巨著，为中华民族留下宝贵的财富。他在追随先贤执着坚持的过程当中，自己也变成先贤的一部分，为后人所膜拜，尊称其为“太史公”。

辜鸿铭曾劝西方人若想研究真正的中国文化，不妨去逛逛八大胡同。因为从那里的歌女身上，可以看到中国女性的端庄、羞怯和优美。对此，林语堂曾说：“辜鸿铭并没有大错，因为那些歌女，像日本的艺妓一样，还会脸红，而近代的女大学生已经不会了。”

四、气节

中国传统文化强调气节，即对自己传统的道德信念执着坚持的精神，哪怕要付出生命的代价也在所不惜。春秋时期，齐国大臣崔杼杀了国君齐庄公,太史如实记录：“崔杼弑君。”被崔杼杀死。太史的弟弟继之如实记载：“崔杼弑君。”又被崔杼杀掉，后其弟又坚持如实记载：“崔杼弑君。”崔杼问道:“难道你不怕死吗？”史官说：“虽然怕死，但如实地记录历史是作为史官的本分。”崔杼无奈叹服，只好放了他。那位史官在回去的路上遇到另一位史官正拿着竹简和笔走来，他说：“我是担心你也被杀害，赶来继任的。”（详见《左传》：齐崔杼弑公以说于晋。太史书曰:“崔杼弑其君。”崔子杀之。其弟嗣书而死者二人。其弟又书，乃舍之。南史氏闻太史尽死，执简以往。闻既书矣，乃还。）

最后崔杼不得不作罢，他只能杀掉一个人的肉身，而不能消灭这种精神。这就是一种气节，一种民族能够长久生存的精神内核，也是中华民族的灵魂所在。公元626年，有志谋取大位的秦王李世民公然斩杀储君，拘禁父皇，任由心腹在玄武门杀死其余兄弟。李世民登基后，是为唐太宗，谕令史官“直书玄武门事”，恐怕也是对这种史官气节的尊敬和忌惮吧。

时晴时雨·画面
都被雨来打湿了
PRAG
VLTAVA河边
8, AUG, 2008
奥运开幕同一天，身在异乡，心系奥运

在传统社会里，不光是受过高等教育的士大夫才有坚持气节的权利和精神，甚至是排在三教九流中下九流最末位的妓女也毫不逊色，如杜十娘，虽身处青楼却对爱情充满了渴望,并且为之而执着，她自始至终怀着对李甲无限的爱，无限的忠诚，直到最后李甲出卖她时，她毅然不畏强暴，以自己的死以自己的毫无畏惧的爱，毫不卑微的爱，唤起李甲的良知，唤起世人的良知。她不仅是一个悲剧形象，更是一个悲剧英雄，她沉入江水的那一瞬间，她的形象和气节便被载入史册为后世传唱。又如陈圆圆，原是吴三桂的爱妾。传说李自成在攻入北京之后俘获陈圆圆，导致吴三桂引清军进入北京夺回他的爱妾，结果直接促成清王朝的入主中原。然而值得我们注意的是，吴三桂在促成明王朝的灭亡之后，陈圆圆与他断然决裂分道扬镳，遁身世外去寺院当了尼姑。还有明末时秣陵教坊名妓、秦淮八艳之一的李香君。她以自己的坚贞著名，她的政治见解与勇气使许多男人都相形见绌。当她的爱人被逐出南京之后，她将自己关了起来。后来被强迫来到其时当权的宦官之家，并被命令在酒宴上唱歌助兴。她即席演唱了几首讽刺歌曲，讽刺在场的权贵，说他们是太监的养子云云。这些讽刺诗大都流传了下来。在旁人怂恿下，弘光王朝的大红人田仰要李香君做妾，被李香君一口拒绝，田仰还要坚持，她干脆一头撞在栏杆上，血溅桃花扇，誓死不从。难怪有人评价说："青楼皆为义气妓，英雄尽是屠狗辈。"林语堂对李香君评价甚高，并为她题诗一首悬挂于自己书斋墙上，时时提醒自己：

香君一个娘子，血染桃花扇子。
气义照耀千古，羞杀须眉汉子。
香君一个娘子，性格是个蛮子。
悬在斋中壁上，教我知所管制。
如今天下男子，谁复是个蛮子。
大家朝秦暮楚，成个什么样子。
当今这个天下，都是骗子贩子。
我思古代美人，不至出甚乱子。

中国传统教育的目的是培养懂情理的人，"大学之道，在明明德"。一个受过教育的人，首先应该是通情达理的人。古人云"廉者不受嗟来之食，志士不饮盗泉之水"，谓之"骨气"。气节是一个有骨气的灵魂的外在表现。许多人舍生取义、杀身成仁，就是为保持自己冰雪般的节操。古有不食周粟，饿死首阳的伯夷；有啮雪吞毡、牧羊北海的苏武；有文天祥列举的"在齐太史简，在晋董狐笔"，"为张睢阳齿，为颜常山舌"等人。他们表现出的"威武不能屈"的凛然正气，都永垂青史，成为后世的楷模。更有无数平民百姓，深知人不能低下高贵的头，渴不饮盗泉水，饿不吃嗟来食。这些就是被优秀传统所教育出来的无论高低贵贱都铁骨铮铮、坚守气节的中国人。

从皇宫俯瞰布拉格 / 捷克
From the palace overlooking Prague/Czech Republic

教堂广场 / 布拉格，捷克
The church square/Prague, Czech Republic

五、情趣

古代的中国人是很会享受生活情趣的，他们不辞辛苦，夜以继日地琢磨如何设计自己的花园，或者如何烹调，如何品茶。他们在饮食上的认真与热忱，不下于奥玛·开阳。后者在跟踪哲学的尘埃一无所获之后，就及时行乐去了。这样，他们跨过了所有艺术的门槛，进入了人生艺术的殿堂，艺术与生活融为一体。他们达到了中国文化的顶峰——生活的艺术。这也是人类智慧的最终目的。我们可以从漂亮的古籍装帧、精美的信笺、古老的瓷器、杰出的绘画和一切未受现代影响的古玩中看到这些情趣的痕迹。人们在抚玩着漂亮的旧书、欣赏着文人的信笺时，不可能看不到古代的中国人对优雅、和谐和悦目色彩的鉴赏力。文化是闲暇的产物，而中国人已有3000多年充足的悠闲去发展文化。在这3000年中，他们有足够的时间一边喝茶，一边冷静地观察生活。从这一席茶话中，他们提炼出了人生的真谛。他们有足够的时间讨论他们的列祖列宗，仔细品味祖先的成就，研究艺术与人生的一系列变化。通过漫长的过去，他们又看到了自己。从这些茶话和思考中，历史开始具有某种伟大的意义：人们说它是一面“镜子”，它反映了人类生活的经验，供当代人借鉴；它又好比是一条越来越大的溪流，不受阻遏，奔流不息。历史书于是成了最为严肃的文学样式，成了最为雅致的精神发泄。茶壶里的水在咕嘟咕嘟地作响，春天在欢唱，“酒香茶熟”。这

维也纳街景 / 奥地利
Vienna street/Austria

小憩 / 布拉格，捷克
A nap/Prague, Czech Republic

时，一个幸福的念头便涌上了中国人的心头。每隔500年为一周期，受着变化了的环境的影响，中国人的思维开始变得有了创造性。这时，新的诗韵发现了，或者是制作陶瓷的新方法出现了，也可能是嫁接桃树的新工艺问世了。总之，这个国家又在前进了。他们不再认为灵魂灭与不灭的问题是永远不会知道的。相反，他们认为这个问题可以思考、可以讨论；他们这么做，一半是认真的，一半则是开玩笑。他们也放弃了对自然奥秘的思索，放弃思索雷电雨雪的奥秘，以及自己身体各部分的功能的奥秘，比如唾液与饥饿的关系。他们不用试管或解剖刀。有时，他们似乎感到整个可知的世界已被祖先穷尽，人类哲学的最终真谛已被道破，连书法艺术的最后一个结构方式也已经被发现了，现在的他们只需要从博大精深的老祖宗留下的精神财富里舀上一小勺，就足够他们今生受用了，所有的一切社会问题都源于对老祖宗的背叛与不敬。中国人心灵中极端敏锐、颇为精细的感情被多少有点不太讨人喜欢的外表蒙蔽了。中国人毫无表情的面容后面，隐藏着深沉的情感主义；阴郁的外表背后，包含着一颗无忧无虑的豪爽的心灵。那些黄色粗笨的手指塑造出了愉快而和谐的形象，高高的颧骨上的杏眼闪烁着和善的光芒，细想着绝美的画面。从凌霄宝殿到学者的信笺，还有各式各样的工艺品，中国的艺术展现出一种精美和谐的情

布拉格街景 / 捷克
Prague street/Czech Republic

调，中国艺术作品鹤立于人类最佳精神产品之林。他们注重品味生活中的每一个细节：图章的刻制及其工艺和石质的欣赏，盆花的栽培，还有如何照料兰草，泛舟湖上，攀登名山，拜谒古代美人的坟墓，月下赋诗，以及在高山上欣赏暴风雨……他对宇宙万物和自己都十分满意；他财产不多，情感却不少；他有自己的情趣，富有生活的经验和世俗的智慧，却又非常幼稚；他有满腔激情，而表面上又对外部世界无动于衷；他有一种愤世嫉俗般的满足，一种明智的无为；他热爱简朴而舒适的物质生活，而在这些简朴舒适的生活中却品味着最高的精神享受。像李白那样极洗练，又极形象的诗，一句简练的诗概括了多元的内容，欧洲千百年后的各国诗人都难以企及，难以望其项背，无论德国的哥德、英国的拜伦，或意大利的但丁、俄国的普希金。他们注重生活中的事务，而不注重获取进步。就连当代日本人都非常向往古代中国人的情趣，他们到苏州旅游时，专门等到半夜在小船上倾听古庙的沉钟，想象着“叶落鸟啼，满天霜下”，面对“清秋红枫，江上渔火，愁卧小舟”，在那种清寒惆怅的情景中，远远传来姑苏城外寒山孤寺中渺渺的钟声，深沉悠远……玩味那种只能意会难以言传的诗魂，去体味唐朝人的“姑苏城外寒山寺，夜半钟声到客船”的意境。而现代中国人这种缅怀古文化的诗情逸趣已被赤裸裸的急功近利的物欲需求所扫荡殆尽。语言大师林语堂先生所欣赏的中国人精神享受的美学或美的哲学，已被庸俗的物欲追逐所取代而泯灭。在崇尚“女子无才便是德”的时代，男人们认为让体面人家的女子去摆弄乐器是不合适的，于她们的品德培养有害；让她们读太多的书也不合适，于她们的道德同样有害。绘画与诗歌也很少受到鼓励。但是男人们并不因此而放弃对文学与艺术上有造诣的女性伴侣的追求。那些歌伎们都在这些方面大有发展，因为她们不需要用无知来保护自己的品德。所以，文人学士都云集到秦淮河。在那盛夏的夜晚，黑暗将那条肮脏的小河变成一条威尼斯水道。学士们坐在那可供居住的船只上，倾听附近那来回游动的“画舫”上歌伎们唱着的爱情小调。妓女在传统中国的爱情、文学、音乐、政治等方面的重要性是怎么强调都不会过分的。从明代到清代，南京夫子庙前又脏又臭的秦淮河正是人们饮宴取乐的浪漫场所。地点选在孔子庙宇附近也是非常合适、非常符合逻辑的，因为这里是科举考试的地点。文人学士云集此地参加考试，庆贺成功或安慰失败者，这时都得有美女作陪。直到民国时期，有些小报的编辑还在报上坦白地详细描写他们在妓院的冒险。诗人和学者们都不惜笔墨，大肆描写这种歌舞传统，致使秦淮河与中国文学史紧密地联系在一起。曾国藩在平定太平天国之乱收复南京后，曾“效管仲之设女闾”，在南京发布驰娼令，并亲自设陆、李、刘、韩等六家妓院于清溪一带，“招四方游女，居以水榭。泛以楼船，灯火萧鼓，震炫一时，遂复承平之盛。”曾还亲临其境，买棹游览，招妓歌舞助兴。“一时仕女欢声，商贾麇集，河房榛莽之区，白舫红帘日益繁盛，寓公土著风闻来归，遂大有丰昌气象矣。”诗曰：“何顿风流久寂寞，青青无复柳千条。谁知几劫红羊后，又见春风舞细腰。”

马六甲 / 马来西亚
Malacca/Malaysia

六、情感

在很多外国人眼中，中国人生来就是“麻木不仁”的——也正是目睹了同为中国人的同学观看同胞被刺杀的“麻木不仁”，鲁迅被震惊了，一种难以名状的悲哀冲撞了他的心房。于是，他决定弃医从文，用他的文章，用他的思想作为解剖刀，解剖国人的劣根性，唤起沉睡的民众。然而，在清帝国走向末日之前的两千多年，我们还没有在任何的古文书籍中发现国人有“麻木不仁”的共同品性的文字记载，正相反，我们在史籍中看到的是整个中华民族对外来侵略的顽强的抵抗，慷慨赴义，“城存与存，城亡与亡，我头可断，而志不可屈”。

之所以在鲁迅这个时期大量的国人麻木不仁，概是因为帝国末日，军阀割据，连年征战，民不聊生，西风东渐，维新失败，洋务碰壁，天朝上国摇摇欲坠，数千年的传统道德价值遭受有史以来最严峻挑战，广大仁人志士到处寻找济世之道，“病急乱投医”，一时间各种学说充斥这个抱着几千年传统过着悠闲

中国城 / 马六甲，马来西亚
China town/Malacca, Malaysia

中国城街景 / 马六甲，马来西亚
China town street view/Malacca, Malaysia

马六甲古城街景 / 马来西亚
The street of the ancient city in Malacca /Malaysia

生活的国度，外国列强也趁机浑水摸鱼，大肆瓜分中国，延续几千年的传统文化和强大文明，顷刻间土崩瓦解。作为普通民众，在这种短短数十年的沧桑巨变中显得无所适从，信仰崩塌，礼崩乐坏，看不到未来，生活没有希望，于是才有了震惊鲁迅，使其弃笔从文的“麻木不仁”。

“鲁迅与其称为文人，不如号为战士。战士者何？顶盔披甲，持矛把盾交锋以为乐。不交锋则不乐，不披甲则不乐，即使无锋可交，无矛可持，拾一石子投狗，偶中，亦快然于胸中，此鲁迅之一副活形也。德国诗人海涅语人曰，我死时，棺中放一剑，勿放笔。是足以语鲁迅。”不管鲁迅对麻木不仁的国民性的看法如何，我要说的是，古代的中国人是非常有感情的。他们认为不近人情者总是不好的。不近人情的宗教不能算是宗教；不近人情的政治是愚笨的政治，不近人情的艺术是恶劣的艺术；而不近人情的生活也就是畜类式的生活。

“凡有井水饮处，皆能歌柳词”的柳永，虽久负盛名，但屡试不第，大约在真宗时期，他又一次举进士不第后，写了一首《鹤冲天》词，其中有句云：“忍把浮名，换了浅斟低唱。”此后又一次考试，临轩放榜时，皇帝竟黜落其名，并说：“且去浅斟低唱，何要浮名?”柳永从此遂自称“奉旨填词柳三变”，纵游娼馆酒楼间，无复检约，“换得青楼薄幸名”。晚年潦倒，病殁于润州（今江苏镇江）。在柳永“死之日，家无余财，群妓合金葬之”；“每寿日上冢，谓之吊柳七”。甚至每遇清明节，妓女、词人携带酒食，饮于柳永墓旁，称为“吊柳会”，谁说“婊子无情，戏子无义”？又如严蕊，南宋时天台(今属浙江，当时为台州属县)军营里的一位营妓（即妓女中地位最低的一种）。她沦落风尘，却又是善于交际的才女，得到四面八方的士人追慕，却为台州（今浙江临海县）的地方长官唐仲友，差点丢掉性命。唐仲友欣赏严蕊的才华，曾留她同居了半年，倾囊相赠。道学家朱熹和唐仲友本来有私仇，趁机打击唐仲友，罗织罪名把严蕊投进监牢一个多月，严刑逼供，希望得到不利于唐仲友的话。两个月下来，严蕊被折磨得奄奄一息但死不开口，这感动了很多人。最后，她得到朱熹的继任者岳霖的同情，自白：“不是爱风尘，似被前缘误。”表示“若得山花插满头，莫问奴归处”。终于被释放从良，得其善终。再如明朝北京的妓女高三，论其侠义精神，比起严蕊有过之而无不及。高三自幼美姿容，昌平侯杨俊一见倾心，遂成相好。后来杨俊捍卫北部边疆数年，远离高三，高三闭门谢客，等待杨俊归来。天顺元年（1457年），英宗复辟，杨俊为奸臣石亨（？—1460年）所忌，上疏诬称英宗被围困土木堡时，杨俊坐视不救，朝廷命斩杨俊于市。临刑之日，杨俊的众多亲朋故旧，没有一个人到场，只有高三穿着素服，哀痛欲绝，并大呼：“天乎，奸臣不死而忠臣死乎！”候刑毕，高三亲自用舌将杨俊的血污舔干净，用丝线将他的头与颈缝好，买棺葬之，自己也就上吊而死。她以悲壮的行动，表明了青楼女子也不乏知情重义者。

公元234年，诸葛亮在进行他一生为之奋斗的对魏作战时病死五丈原军中。一时国倾梁柱，民失父相，举国上下莫不痛悲，百姓请建祠庙，但朝廷以礼不合，不许建祠。于是每年清明时节，百姓就于野外对天设祭，举国痛呼魂兮归来。这样过了三十年，民心难违，朝廷才允许在诸葛亮殉职的定军山建第一座祠。不想此例一开，全国武侯祠林立。成都最早建祠是在西晋，以后多有变迁。先是武侯祠与刘备庙毗邻，诸葛亮祠前香火旺盛，刘备庙前车马稀疏。明朝初年，帝室之胄朱桩来拜，心中很不是滋味，下令废武侯祠，只在刘备殿旁附带供诸葛亮。不想事与愿违，百姓反把整座庙称武侯祠，香火更甚。到了清朝康熙年间，为解决这个矛盾，干脆改建为君臣合庙，刘备在前，诸葛在后。以后朝廷又多次重申，这祠的正名为昭烈庙（刘备谥号昭烈帝），并在大门上悬巨匾。但是朝朝代代，人们总是称它为武侯祠，直到今天。“文化大革命”期间曾经疯狂破坏了多少文物古迹，但武侯祠却片瓦未损，至今每年还有二百万人来拜访。这是一处供人感怀、抒情的所在，一个借古正今的地方。同是三国时期的关羽，刘备兵败投袁绍，关羽被曹操所俘，曹操礼遇甚厚，拜为偏将军，封为汉寿亭侯，但关羽身在曹营心在汉，“降汉不降曹”；为报曹操知遇之恩，他策马千军万马之中，杀颜良，诛文丑，解曹军白马之围；曹操更加喜爱关公，派关羽同乡张辽劝说，关羽说：“我知道曹公对我很好，但我受刘备厚恩，立誓生死与共，绝不能背叛于他。”曹操听罢也无可奈何。此后关羽打听到刘备下落，拜书告辞曹操，“千里走单骑”，“过五关斩六将”，终于找到刘备；但他有情有义，曹操败走华容道时，关羽念着曹操对他的旧

吉隆坡一瞥 / 马来西亚
A glance in Kuala Lumpur/Malaysia

远眺双子塔 / 吉隆坡，马来西亚
Overlooking the twin towers/Kuala Lumpur,Malaysia

情而在最后时刻放了他一条生路。一个“对国以忠、待人以仁、处事以智、交友以义、作战以勇”，代表着中华民族传统美德的完美的关公形象出现在世人面前。他由“万世人杰”上升到“神中之神”，成为战神，财神，文神，农神，是全方位的万能之神，为历代统治者和百姓万民、华夏神州与东瀛海外，中外同奉，上下共仰。美国圣地亚哥加州大学人类学系教授、芝加哥大学人类学博士 Davidk Jordan（汉名焦大卫）先生曾说过一段很有意思的话：“我尊敬你们的这一位大神，他应该得到所有人的尊敬。他的仁、义、智、勇直到现在仍有意义，仁就是爱心，义就是信誉，智就是文化，勇就是不怕困难。上帝的子民如果都像你们的关公一样，我们的世界就会变得更加美好。”

吉隆坡街景 / 马来西亚
Kuala Lumpur street/Malaysia

中国人被认为是讲求实际的民族。然而，他们浪漫的一面也许比现实的一面更深刻，这一点表现在深刻的个性中，在对自由的热爱中，在乐天的生活态度中。这一点也使外国观察家们备受困惑。在我想来，中国人也因此而更加伟大。在内心里，每个中国人都想当流浪汉，过流浪生活。如果没有这种精神上的依托，在儒教控制下的生活必将是无法忍受的。道教使中国人处于游戏状态，儒教使中国人处于工作状态。这就是为什么每个中国人在成功时是儒家，而失败时则变成道家的原因。道家的自然主义，正是用来慰藉中国人受伤的心灵的止痛药膏。这种彻底的怀疑主义与浪漫地出世并返回自然仅有一步之遥，据说老子老年去职后即消失在函谷关外。楚王曾经要为庄子提供一个很高的官职。庄子则问楚王，假如一个人像猪一样被关起来，喂肥了，然后被杀掉放在祭坛上，这难道是聪明之举吗？从此，道教就总是与遁世绝俗，幽隐山林，崇尚田园生活，修心养身，抛弃一切俗念等思想联系在一起。由此我们获得了最具中国特色的迷人的田园文化，田园的生活理想，田园的艺术以及文学。

一个较为年轻的文明国家可能会致力于进步，然而作为一个古老的文明国度，自然在人生的历程上见多识广，她所感兴趣的只是如何过好生活。就中国而言，由于有了中国的人文主义精神，把人当作一切事物的中心，把人类幸福当作一切知识的终结，

乌布 / 印度尼西亚
Ubud/Indonesia

宏村小巷 / 中国安徽
Hongcun alley/Anhui, China

于是，任何一个民族，如果它不知道怎样像中国人那样讲究吃，如何的品茶，如何的吟风弄月，如何像他们那样享受生活，那么，在我们眼里，这个民族一定是粗野的，不文明的。

七、自由精神及其他

“自由”一词，始见于汉朝郑玄《礼少仪》中“请见不请退”一语的注解：“去止不敢自由”。郑玄的解释是：“请见不请退”这句话就是去留不敢自作主张之意。佛经言更多言自由，至南宋，自由更是社会日常流行之关键词之一。

然而，古人所言自由，与今日自由无直接渊源。周初开始产生的吉凶成败，非决定于天命而决定于人的思想，是中国文化中自由精神最初觉醒。为中国文化奠定基础的孔子，他删诗书，订礼乐，并作《春秋》以“贬天子，退诸侯，讨大夫”。其所根据的当然是自己的良心而非权威。否则，他不敢删不敢订，更不敢以匹夫之责而招惹当权者。

青岩古镇城门 / 中国贵州
The gate of Qingyan Ancient Town/Guizhou, China

当时列国诸侯的政治权威，在孔圣人眼里皆觉无物。他教人的最高目的是求“仁”，但他也说“为仁由己”“当仁不让于师”云云，这些都是要人自作主宰的英明启迪。他认为只有自作主宰的人才可以求仁。从个人的气质上说，他指出“巧言令色，鲜矣仁”；因为巧言令色是供奉权威的妾妇奴才相。他指出“刚毅木讷近仁”，“匹夫不可夺志”。刚、毅、勇，这是承载自由精神所必须具有的气质，也是自由精神在一个人生活中所表现出来的气质。而匹夫不可夺其志，正是反抗权威以求理性良心自由的具体证明。同样，到了孟子那里，亚圣特别指出“至大至刚”是自由精神的最高境界，所以他说“富贵不能淫，贫贱不能移，威武不能屈”这样的人才配称“大丈夫”。

故此，可以说儒家是从德行上来建立积极人生态度的，因而自由精神便成为高贵品格。道家则从情意上去解脱人生的牵绊，自由精神便成为另外一种修为。儒道两家是中国文化的两大主流思想，如果不能领悟其充沛的自由精神，便不可能接触其所留下的宝贵文化遗产。

人权自由之观念，诚非中国所固有。然当其初传入中国时，世人颇不以为然，维新家只以为其非急务，革命家且嫌过去自由太多，究其种种，乃知中国人历来未尝不自由，只是观念不明而已。或言之，中国人恰恰介于自由与不自由之间——他未尝自由，也未尝不自由。梁任公在《饮冰室自由书》中曰：“前此唯在上位者乃为强者，今者在下位者亦为强者……两强相遇，两权并行；因两强相消，而两强平等，故可谓自由权与强权本为一物。”

自由者，人人自由而以他人之自由为界。譬之有两人于此……各扩充一己之自由，其力线各往外而伸张；伸张不已，而两线相遇，两力各不相下，而界出焉……苟两人之力有一弱者，则其强者伸张之线必侵入于弱者之界，其自由即不能保。

镇山村 / 中国贵州
Zhenshancun/Guizhou, China

镇远古城舞阳河畔 / 中国贵州
The Wuyang river of Zhenyuan ancient city /Guizhou, China

个人为自由之主体，自由为个人之无形领域；言自由固不得不以个人来说。然纵观人类历史，自由之所受屈抑，并不始于此一人彼一人之间，而是在集团对集团之间，集团对其分子之间的。恒为自由之敌者，是作为代表一集团的权力机关——这在国家就是政府。小穆勒于《自由论》曰：“其君所守之权限，其民所享之自由也。”即指此。西洋历史所讲：“民主期于尊重人权，而始于限制王权。”亦正是指明问题出在阶级对阶级之间，问题之解决尤必待阶级起来对抗，个人是抗不了的，虽然个人的觉醒和抗争也属重要。当然不能指望所有人都同时觉醒，而是其中一部分人先觉醒起来，即所谓新兴的智识阶级。社会至此转变，个人自由乃可以借助阶级相角之均势而得以保障。个人觉醒越多，新兴阶级便越壮大，享有自由者随而增广。社会即入一种良性循环：政府之权力受限制愈多，即民众享有自由愈多，民众阶级的权利才愈强，才会形成如梁启超所言的两强相消，而两强平等的局面。末后可能有一天，所有的人都自觉起来，人人都有很高的智识，亦就普遍自由了。

儒最初本意是“巫”，是一种职业，替人解惑祈祷，渐渐纳入系统礼仪规范。至汉武帝后，儒便成为正统学派。但是，儒家思想总体而言太入世，鼓励追求功名利禄，以此为世人的毕生追求，形而下的东西较多。道家却可以归入哲学领域，是个人内心和精神的超越，且只可意会不可言说。而中国传统文人以及艺术家，毕生追求的都是不可言说的神韵，是讲究修心的，如果悟道，内心获得的自由感岂是功名利禄能够给予的?

大概中国种种学术，尤其医学与武术，往深处追求，都可以发现其根本方法和眼光是归根于道家。凡是学问，都有其根本眼光与方法。中医是有其根本方法和眼光的，无奈普通医生只会用古人的术，所以不能算是学问。庄子说：“技而近乎道。”他们的技巧的根本所在，是能与道相通。道者何？道即宇宙的大生命，总的运行规律。通乎道，即与宇宙的生命与规律相通。中西医学上的不同，实可代表中西一切学术的不同：西医走的是科学的路，中医走的是玄学的路。科学之所以为科学，乃是物我两分，站在物的对立面静静的地方去客观地观察，最后将一切现象，都化为数学方式表达出来。科学即一切的数学化，一切都可以用数学表示，便是一切都纳入科学之时。这种一切静化数学化，是人为想要操控自然的必由之路。但这只是一种方法，而非真实。真实的是运动的不可分，即万事万物皆是整体的密切相关的。生命本来就是盲目的，普通人的智慧，每为盲目的生命所用，故智慧每变为盲目，表现出很大的机械性。然中国文化不然，它是要人的智慧不向外用，而反用于自己的生命，使生命成为智慧的。儒家之所谓圣人，就是最能了解自己，使生命成为智慧的。普通人之所以异于圣人者，就是对于自己不了解，于是拿自己没办法，只是盲目地机械地生活。

总之，东西文化（或学术）走的是两条不同的路：

西方文化的根本眼光是静的、科学的、数学化、绝对的、可分的。

高坡苗乡 / 中国贵州
Gaopo Miao village/Guizhou, China

中国文化的根本眼光是动的、玄学的、意会的、相对的、正在运动中的、不可分的。

中国文化乃是一步登天的人类文化与智慧的早熟，没有经过多层次循序渐进的阶段，自己不能说明自己，别人也不能了解，故不信服。现在唯有坐等着人家前来接受它。故现代学术的正统应在西方科学，唯有西方文化和科学前进到一定的阶段，才可以转化出与科学不同的东西来，才可以了解和解释中国文化，从而认识接受它。否则它只是一个珍贵的老古董，只能淡居高阁冷眼看小年轻们莽撞探索四处碰壁，人家拿它没办法，自己亦无办法。

镇远古城 / 中国贵州
Zhenyuan ancient city/Guizhou, China

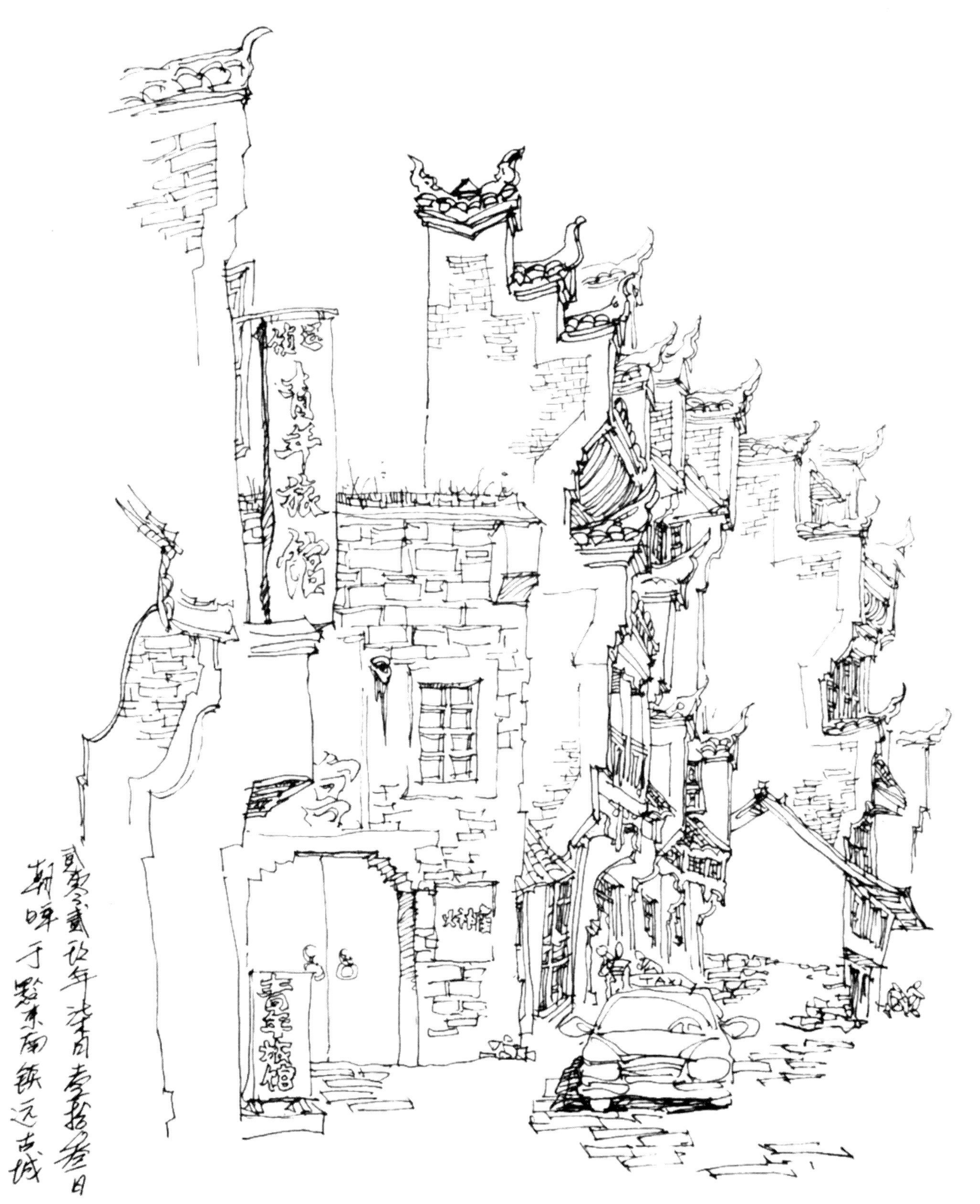

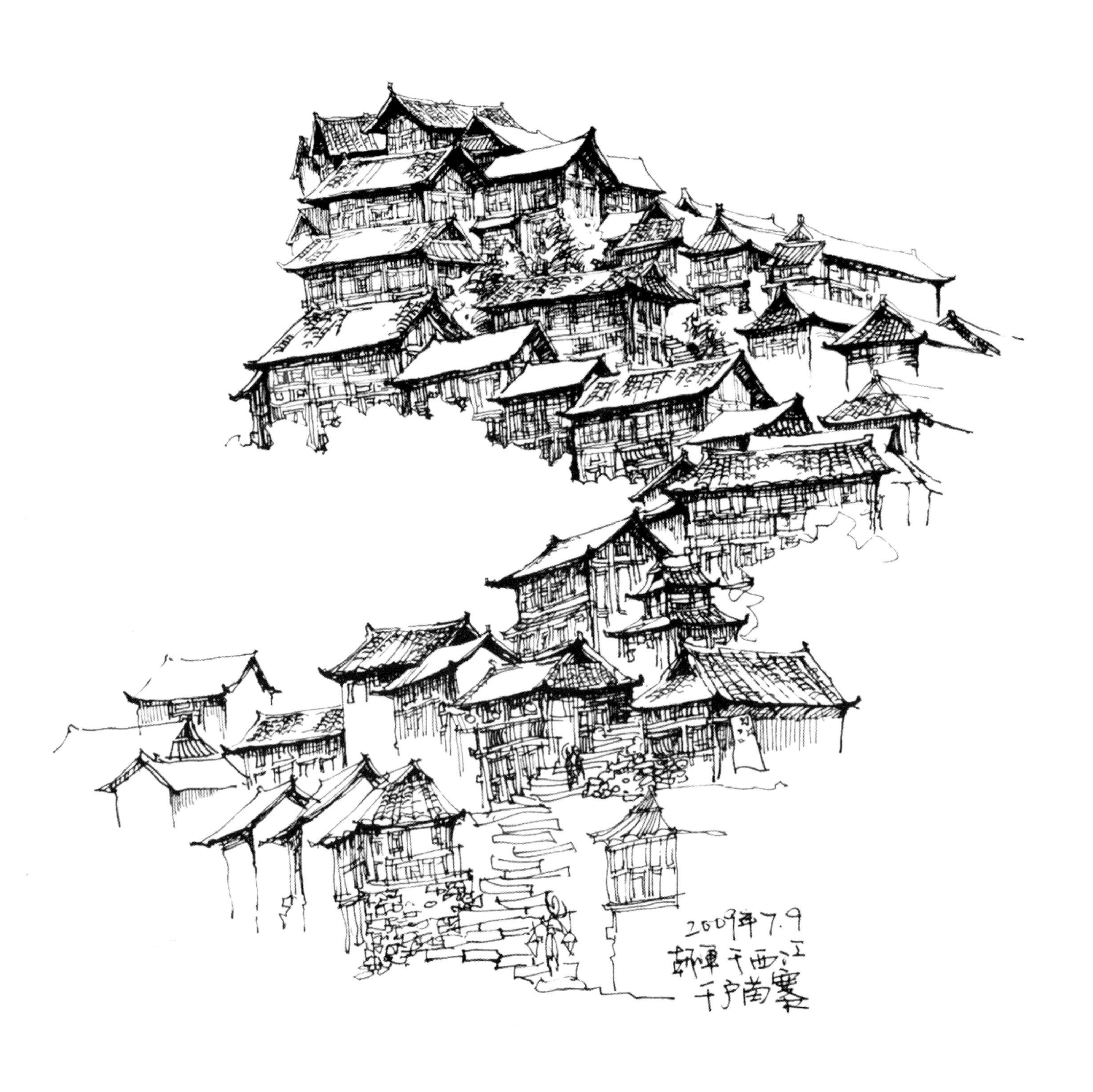

西江苗寨1 / 中国贵州
Xijiang Miao Village 1/Guizhou, China

西江千户苗寨 / 中国贵州
Xijiang Qianhu Miao Village/Guizhou, China

贰零壹玖年
柒月捌日朝晖
于西江千户苗寨

那个时候

那个时候，艺术青年们玩派头并不像现在这么复杂：只需要一套破旧的牛仔服，买来之后就不曾洗过，领口和袖口由于积压了太多的污垢而乌黑，硬得发亮，肘部和膝盖处由于磨损过多颜色自然变浅，如果再若隐若现肌肤的颜色最好；袜子脱掉后就可以自己站立；手自不必洗得太干净，指甲缝里残留一些各种各样的颜料更佳；头发自然留长，只要不长虱子便不需去理会，散在脑后或用橡皮筋扎个马尾亦可，倘使蓬松散乱，偶尔露出两只深邃乌黑的双眼更具杀伤力；至于洗澡么，一周一次的澡堂开放日必定要搓下一层皮来，错过了便只能在男生宿舍的公共卫生间冲冷水澡了，说是冲澡有点夸张的成分，淋浴是没有的，只能盆浴，所谓盆浴便是脱光衣服端个洗脸盆，在水龙头下接满冷水，然后伴随着壮胆的尖叫声从头到脚倾盆而下，醍醐灌顶。

那个时候，玩派头是需要有一点点才气的，桀骜不驯地高昂着头，怀里必不可少地夹着一个速写本，整天无所事事地穿梭于几大茶馆。那个时候喝茶很便宜，白碗两角，花茶五角，下关一元。由于你经常看到茶馆把茶客们喝剩的茶叶收集到一起，放在一个很大的簸箕里，在后院晾晒，便很怀疑是否每次点茶喝的就是这种晾晒后反复循环的茶叶，因为每次你都觉得茶叶实在不经冲泡，一两开之后便只剩下寡淡的白水了。于是每次只点白碗，自带茶叶。

西江苗寨3 / 中国贵州
Xijiang Miao Village 3/Guizhou, China

看到漂亮妹子，自不需要像现代艺青这般心急惊慌，口水都差点兜不住，巴不得立马全身盖将上去。那个时候，主动搭讪都是劣等伎俩，你只需要在离姑娘不远不近处坐定，趁堂倌还未开口询问便用不高不低的声音来一句：一个白碗。熟客的身份便已然确立。姑娘艳羡的目光还未散去，你已经旁若无人地拿出速写本对着周围的人群画了起来。这个时候，言语是苍白的，只听到画笔落在纸上有节奏的时快时慢哗哗的悦耳声音，漂亮妹子已然安坐不住了，身子主动往你这边挪了挪，好奇又怯怯地问道：“同学，你是哪个班的？”

接下来的交谈我想不必多费唇舌，只要不是一个自闭的白痴都会顺利完成。

那个时候，漂亮姑娘一开口是不会问你开的奔驰还是宝马的，大哥大和BB机都稀缺的年代，只能约定一个时间在女生宿舍楼下或者美术学院大门口不见不散。倘使囊中殷实，可以请一支冰棍，如果再奢侈一点就是一顿梯坎豆花，姑娘便义无反顾地付出了她全部的身心。那个时候，金钱绝对不是爱情决定的因素，最多只能起一个催化剂的作用。如果身无分文，也不必有丝毫怯懦，江边是一定要去走一走的，看着大江东去，若有所思喃喃自语道：逝者如斯夫，不舍昼夜。姑娘必定一脸的茫然仰望着你。弗洛伊德、尼采、莎士比亚、托尔斯泰自不必鬼扯那么遥远，那是后辈艺青们的必备，只需要说说崔健的《一块红布》和《南泥湾》，谈谈《梦回唐朝》文辞的优雅以及黑豹的后现代主义的批判情怀。然后再说说伤痕文学及其艺术表现，淡淡地衬托出八个字的主题思想：怀才不遇报国无门。这时候，姑娘必定会满怀深情地抬起头：他们不懂，我懂。干净无邪的眼神里饱含着崇拜的泪水，幸福即将漫溢。倘使上述步骤已经完成，你就可以搂着姑娘的腰了……

那个时候，天总是很蓝，姑娘们都笑得很灿烂。

可是，时间都去哪儿了？除了华发陡生伴随着一脸市侩，蓝色的天和灿烂的笑容都跟着时间一去不复返了。

那天是你用一块红布，蒙住了我双眼也蒙住了天。你问我看见了什么，我说我看见了幸福……

情人节的玫瑰

其实，人生中的每一天都是一样的，只是我们主观上赋予了某一天额外的特殊意义，才使这一天貌似与其他日子有什么不同。

所以，也不能怪小贩们这两天玫瑰卖得贵，人家卖的并不是花，是爱情。

很多痴男恋女觉得玫瑰是爱情的象征，是真情的表现，所以卖便宜了怎么能代表爱情的可贵呢。不过我觉得玫瑰也确实代表了爱情，今天鲜艳无比，明天就凋谢没商量，无论你浇不浇水呵不呵护。爱情不缺市场，你想要就有人给。其实也没人会介意多少钱一朵，那可是真爱的化身啊，男人在这一天也不会吝啬，因为按女人的说法一年才这一天嘛。商家也高兴，广告语数十年千篇一律：爱她，就送她……省略号后面就自己添了。反正一句邪恶的言外之意就是：如果不买，就说明不爱。哪个男人敢担当这样的严重后果呢，于是这个省略号后面如果是玫瑰便显得价廉物美物超所值了。既显得不物质，又有几分浪漫和情趣。但是如果买便宜了，那你就是对爱情的不尊重。

所以，买一束吧，不要讨价还价，为了你和她的爱情。

古城客栈 / 中国云南丽江 ／ The inn in the ancient city/Yunnan,Lijiang , China

远眺玉龙雪山 / 中国云南丽江 Overlooking Yulong Snow Mountain/Yunnan,Lijiang , China

随笔—杂感

究竟从什么时候开始，我们把粗鄙当豪情，把无知当朴素，把失礼当率真，把低俗当可爱，把无知当幽默，把仇恨当爱国，把无耻当反叛？教养是所有财富中最宝贵的一种，做一个有教养的中国人远比做一个有钱的中国人重要。国民的教养和一个国家的文明发达程度成正比，远不是一些经济指数可以替代的。

在放弃平等、自由、独立信念的同时，我们也放弃了个人的尊严、诚实和教养的道德底线。也就是放弃了作为一个完整健康的人的自我塑造，转而成为追逐实利的低级经济动物。而我们恰恰不幸被培养被灌输成了数量庞大的拜物教徒种群。这是莫大的悲哀。

经历过各种危机却走到虚无主义，然后走向另一个极端，在实用主义中找到了最后归宿。自称高等智能生物却堕落为物欲的奴隶，退化到无以复加的地步。

一切与民族的普遍信念和情感相悖的东西，都没有持久力，逆流不久便会回到主河道。它只是在绑架和传染下形成的一种暂时现象。它们匆匆成熟，又匆匆消失，就像海边沙滩上被风吹成的沙丘。而这匆匆成熟与消失之间，文明将付出沉痛的代价。

以无耻的方式向道义挑战的勇气，似乎许多人具有。而以道义的勇气向无耻挑战的人，却似乎颇为少见。

“偏执的人必然变成一个说谎者。”偏执的人固守成见，执拗难容。而当偏执与信仰相结合，挟神恩与威权自行其是，再至善的理想也要沦为一种颟顸的矫饰，一种自欺欺人的迷思。欺，不只是欺骗，也是欺辱与欺压。

2013.6.3
喜洲.大理

丽江古城 / 中国云南
Lijiang ancient city/Yunnan, China

随笔—负能量

如果人生一直试图充满正能量的话，自己内心的小宇宙迟早会爆炸和崩溃的，所以得时不时来点负能量平衡一下：

今天过得怎么样，是不是感觉离梦想更远了？不要觉得悲催，说不定明天比今天过得更悲催。

回首青春，我发现自己失去了很多宝贵的东西。但我并不难过，因为我知道，以后将会失去的更多。

经历了各种恋爱方式：媒妁之言父母之命朋友介绍自由结合网络相亲试婚同居，最终都以失败告终。

于是，你开始相信命了，刻意地按照星象学家推荐的匹配星座去寻找，未果；便又开始琢磨生肖属相，无效；是否生辰八字的关系？或者姓氏笔画的相生相克？

待一切条件都吻合了，最后还是以分手告终。于是，你开始怀疑爱情了，质疑缘分了，而从来就没有反思过自己。

直到最后，你都没有发现这个真理：不是适合你的人没有找到，而是你不适合任何人。

有些所谓精英一边啃着心灵鸡腿和心灵鸡翅，一边送上了用吃剩的鸡骨头熬制的心灵鸡汤，说：人生的价值并不在于你挣了多少钱和外在是否美。而你一边由衷感叹着鸡汤的鲜美，一边惦记着鸡腿。

受到心灵鸡汤的励志和启发，于是你在几年前停止了抱怨和自怨自艾，开始努力改变自己，积极进取。可是直到今天，你发现你的物质生活和精神状态都没有什么改善。后来你悟到了，很多时候，乐观的态度和积极进取的精神帮不了你改变命运。你安慰自己：努力不一定成功，但是不努力一定不会成功。可是你又觉得：成功与否和你努力与否不见得有太多的直接关系。不去努力而没成功的痛苦，比拼命努力后失败的痛苦，要小得多。

今天解决不了的事情，大可不必着急。因为明天还是解决不了。

普通人一生的四个阶段：心比天高的无知快乐与希望—愧不如人后的奋斗与煎熬—毫无回报的愤懑与命比纸薄的失望—坦然的平凡和颓废。你走到哪一步了？

大部分成功靠的既不是厚积薄发的努力，也不是戏剧化的机遇，而是早就定好的出身和天赋。

一般混得不好的人看得都很开。也不知道是因为看得透彻而不屑于世俗的成功，还是因为混不开而不得不看得开。

心灵鸡汤说人生总要冲动几次。于是，你来了一场说走就走的旅行，待归来后，你发现除了该做的事情被拖延得更久了，什么都没有改变。

假如今天生活欺骗了你，不要悲伤，不要哭泣，因为明天生活还会继续欺骗你。

丽江街景 / 中国云南 Lijiang street/Yunnan, China

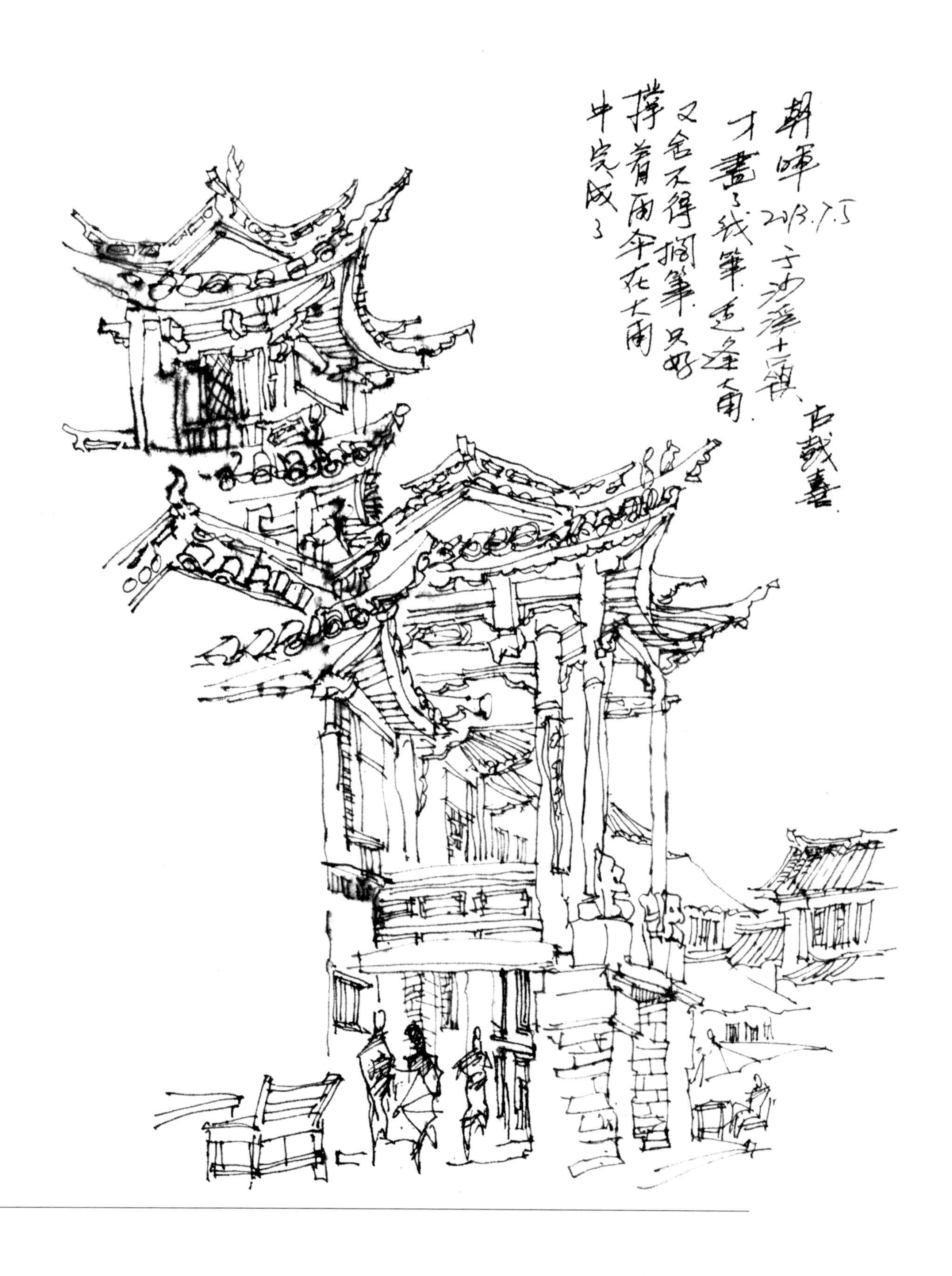
朝暉 2013.7.5 于沙溪古鎮、古戲臺.
才畫了幾筆，適逢大雨.
又舍不得擱筆，只好
撐着雨伞在大雨
中完成了

年轻时总是缺乏对自己的正确认识。时而觉得自己能力超群，海阔天空，时而觉得一无是处，平凡无能。成熟后，经历得多了，逐渐认清自己，才发现自己原来是一无是处，平凡无能。

人生就是这样，有欢笑也有泪水。只不过一部分人主要负责欢笑，另一部分人主要负责泪水。

很多人不断地规划自己的人生，每天压力都很大，甚至花了不少时间去学习怎么合理计划和利用自己的时间。多年后发现，其实不管怎么过，都会后悔的。回头看看这前几十年就明白了。

小时候以为有钱人都很跋扈，心都是黑的。长大后才发现，很多有钱人都懂得很多，经历很丰富，做事很认真，为人很宽厚，理性，比穷人更好相处。

很多人一辈子的巅峰就在高考，只有这一次他超越了所有的阶层，考上了名牌大学，然后剩下一辈子就都在走下坡路了。

很多人发现自己在钱、权、女人的问题上比不过别人，于是开始试着在道德和人生境界上做文章。就把追求精神满足和追求物质上的富足对立起来：不幸福是因为境界不高，物质生活差是因为能力不行。可这完全是两回事儿。精神追求应当是物质追求得到满足后的自然反应，而不是在现实受挫后去寻求的安慰剂。

如果你很忙，除了你真的很重要以外，更可能的原因是：你很弱，你没有什么更好的事情去做，你生活太差不得不靠努力来弥补，或者你装作很忙，让自己在别人眼里显得很重要。——史蒂夫·乔布斯

我追逐自己的梦想，别人说我幼稚可笑，但我坚持了下来。多年以后我发现，原来还真是我以前幼稚可笑。

“你年轻时一事无成；时而自怨自艾颓废堕落，时而咬紧牙关拼命努力，经营关系，但你的生活一直没有改善，你一直很痛苦，直到三十岁……”你听后兴奋地问：“那三十岁之后呢？有转机吗？”算命先生微微抬起头：“三十岁后嘛……你就慢慢开始习惯了。”于是你感慨：“自己岁数也不小了，还没有成熟起来。”“其实你已经成熟起来了，你成熟起来也就这样。”

西递写生 / 中国安徽
Xidi sketch/Anhui, China

宏村悠闲的午后 / 中国安徽
Hongcun leisurely afternoon/Anhui, China

安徽西递 / 中国
Anhui Xidi/China

后记

立身之道，与文章异。立身必先谨重，文章且须放荡。

谨重屡学不会，放荡却无师自通。于人于事，每于细微不经意之处发谬论，不是故作惊人之语，而是兴之所至，发乎情也。

其画，固是多年的艺术修养，周游列国的现场速写，不必多言，画自有声；其文，乃离群索居时偶尔从现实的混乱中超脱出来，保持冷静、客观的态度，来欣赏虚伪与愚蠢，健忘与薄凉，狭隘与麻木，也未尝不是人生的乐趣之一。毕竟，阅览自我制造的悲剧，笑，而不是流泪，是一种境界。并不想妄自菲薄为欲博方家一笑耳。因为既是方家，大抵是不苟言笑的。也不奢望能启人深思发人深省，倘使其中的只言片语能侥幸引来看官些许共鸣，便已知足，当浮一大白了。

科研，在艺术类学科的词典里也是近年来的舶来品。至今也还没有完全明白科学研究对于艺术学科来说具体所指何事，所以并不奢望此书能作为科研成果充数，如果作为公开出版物能在年终科研考核时略冲抵一点科研工作量，使自己能顺利撞钟，得过且过即是万幸。

或问：既非文以载道，亦非科学研究，那有何用？前言已述，此书是作者过半人生的回顾与思考，以及对周遭事物的阅读与欣赏，亦是沦落红尘的一个凡夫俗子欲脱俗悟道的一点挣扎与尝试，发人深省自是不足当，但作为厕上枕边的一个消遣也并不为过，倘使顺便再有一点通畅与催眠的功效，也是无量的功德。

或曰：大学教授何以堕落如斯？鲁迅先生半个多世纪前就曾言：“大学教授是要堕落下去的，无论高的或矮的，还是白的黑的，或灰的。不过别人谓之堕落，而我谓之困苦。我所谓困苦之一端，便是失了身份。”现在何止是失了身份，连自我都快要失去了。年年为了应付科研考核搔破头皮，托关系掏腰包买版面发一些连自己都不知所云的学术论文。或者谄媚权贵，散布一些海带战术雾霾卫国，或者骑车比开车对环境污染更大的“科学理论”来填补正常人类思维的空白。

所以，还讲身份吗？自然还是有一些要讲的，哪怕现在暂时困苦着。见了所谓道貌岸然的“正人君子”固然决定摇头，但和歪人奴才相处也未必融洽。独立之人格，自由之思想，还是毕生追求着，因为那是人之所以为人的存在理由。

是为后记。